考证与竞赛系列

UG 12.0 造型设计实例教程

詹建新　主　编

魏向京　成晓军　副主编

电子工业出版社
Publishing House of Electronics Industry
北京·BEIJING

内 容 简 介

本书以参加产品设计考证、竞赛的读者为主要对象。全书分 11 章，内容包括 UG 12.0 造型设计入门、简单实体造型、UG 12.0 基本特征设计、简单曲面的实体造型、从上往下式实体设计、参数式实体设计、装配设计、UG 12.0 工程图设计、钣金设计入门、综合训练、PMI 标注。本书所用的实例都是编者精心挑选出来的，非常典型，适合课堂教学，并且每个实例的后面都附有练习题。

全书结构清晰、内容详细、案例丰富，讲解的内容深入浅出，重点突出，着重培养学生的实际操作能力。

图书在版编目（CIP）数据

UG 12.0 造型设计实例教程 / 詹建新主编. —北京：电子工业出版社，2022.3

ISBN 978-7-121-42973-6

Ⅰ. ①U… Ⅱ. ①詹… Ⅲ. ①工业产品－产品设计－计算机辅助设计－应用软件－高等学校－教材

Ⅳ. ①TB472-39

中国版本图书馆 CIP 数据核字（2022）第 028282 号

责任编辑：郭穗娟

印　　刷：北京七彩京通数码快印有限公司

装　　订：北京七彩京通数码快印有限公司

出版发行：电子工业出版社

　　　　　北京市海淀区万寿路 173 信箱　　　邮编　100036

开　　本：787×1 092　1/16　印张：13.25　　字数：339.2 千字

版　　次：2022 年 3 月第 1 版

印　　次：2024 年 7 月第 5 次印刷

定　　价：59.80 元

前　言

近些年，国家非常重视职业技能竞赛，各类竞赛层出不穷，但不少参赛队伍的领队老师反映，现有的 UG 类图书中，没有系统介绍 3D 造型和草绘过程，对一些复杂的零件，没有详细讲解造型过程，导致学生对 3D 造型与草绘不熟练，软件的应用能力较差。编者针对这些实际情况，研究了历年竞赛的案例，并结合编者多年的教学经验与模具工厂一线岗位工作的心得，编写了本书。

在 2017 年，编者出版了《UG 10.0 造型设计实例教程》一书，不少学校把这本书选为数控与模具专业的教材，很多任课教师在使用本书后，提出了宝贵意见。编者在充分听取了各位任课教师意见的基础上，对该书内容做了大幅度调整，删除了其中偏难的章节，补充了很多简单、实用的案例，并把书名改为《UG 12.0 造型设计实例教程》。

本书分 11 章，内容包括 UG 12.0 造型设计入门、简单实体造型、UG 12.0 基本特征设计、简单曲面的实体造型、从上往下式实体设计、参数式实体设计、装配设计、UG 12.0 工程图设计、钣金设计入门、综合训练、PMI 标注。

本书所用的实例都是编者精心挑选出来的，非常典型，适合课堂教学，并且每个实例的后面都附有练习题。学生在学完实例后，都能够在正常上课时间内完成课后的练习，以起到加强学习的作用。

本书第 1～2 章由广东省华立技师学院詹建新老师编写，第 3～6 章由重庆三峡职业学院魏向京老师编写，第 7～11 章由重庆三峡职业学院成晓军老师编写，全书由詹建新老师统稿。

由于编者水平有限，书中疏漏、欠妥之处在所难免，敬请广大读者批评指正。编者联系方式：QQ648770340

编　者
2021 年 9 月

目　录

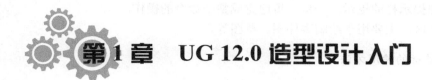

第1章 UG 12.0 造型设计入门

本章主要介绍 UG 12.0 的一些基本知识和工作环境，同时详细介绍 UG 草绘的基本命令，以及在绘制实体时初学者应注意的几个问题。

1. UG 建模界面

UG 12.0 工作界面包括主菜单、横向菜单、当前文件名、工具栏、标题栏、辅助工具条、资源条、提示栏、工作区等，如图 1-1 所示。

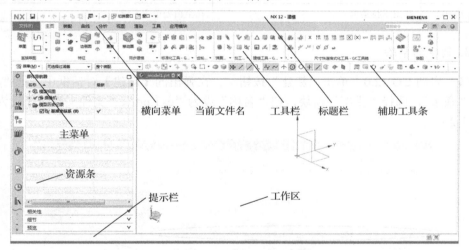

图 1-1 UG 12.0 工作界面

（1）主菜单。也称为纵向菜单，UG 所有基本命令和设置都在这个菜单中。

（2）横向菜单。由页、装配、曲线、分析、视图、渲染、工具、应用模块等组成。

（3）当前文件名。显示所绘图形的当前文件名。

（4）工具栏。对于 UG 的常用命令，以工具按钮的形式排布在屏幕的上方，方便用户使用。

（5）标题栏。显示当前软件的名称及版本号，以及当前正在操作的实体名称，如果对部件已经做了修改，但还没有保存，在文件名的后面还会有"（修改的）"文字。

（6）辅助工具条。用于选择过滤图素的类型和图形捕捉。

（7）资源条。包括"部件导航器"、"约束导航器"、"装配导航器"和"数控加工导向"等。

（8）提示栏。主要用来提示操作者必须执行的下一步操作，对于不熟悉的命令，操作者可以按照提示栏的提示，一步一步地完成整个命令的操作。

（9）工作区。主要用于绘制零件图、草图等。

2. 三键鼠标的使用方法

在 UG 建模过程中，合理使用三键滚轮鼠标，可以实现平移、缩放、旋转及弹出快捷菜单等操作，操作起来十分方便，三键滚轮鼠标左键、中键、右键的功能见表 1-1。

表 1-1　三键滚轮鼠标按键功能

鼠标按键	功能	操作说明
左键（MB1）	选择命令及实体、曲线、曲面等对象	直接单击鼠标左键
中键（MB2）	放大或缩小	按 Ctrl+中键组合键或左键+中键组合键
	平移	按 Shift+中键组合键或中键+右键组合键
	旋转	按住中键不放，即可旋转视图
右键（MB3）	弹出下拉菜单	在空白处单击右键

3. 简单的草绘

（1）启动 UG 12.0，单击"新建"按钮![按钮]，在弹出的【新建】对话框中，把"单位"设为"毫米"，选择"模型"模块，把"名称"设为"ex1.prt"、"文件夹"路径设为 D:\，如图 1-2 所示。

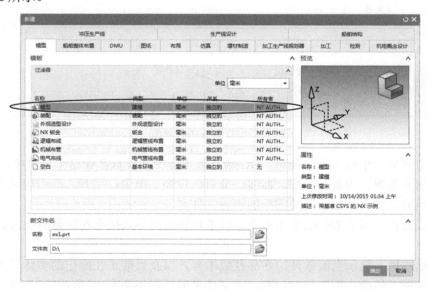

图 1-2　设置【新建】对话框参数

提示："文件夹"选择"D:\"的作用是，所创建的新文件保存在"D:\"目录下。

（2）单击"确定"按钮，进入建模环境。

（3）单击"菜单｜插入｜草图"命令，在弹出的【创建草图】对话框中，对"草图类型"选择"在平面上"选项、"平面方法"选择"新平面"选项。在"指定平面"栏中选择 *XC-YC* 平面选项，对"参考"选择"水平"选项、"指定矢量"选择 *XC* 轴图标；在"原点方法"栏中选择"指定点"选项，单击"指定点"按钮，如图 1-3 所示。

（4）在弹出的【点】对话框中，对"类型"选择"光标位置"选项，在 *X*、*Y*、*Z* 轴对应的栏中输入（0，0，0），如图 1-4 所示。

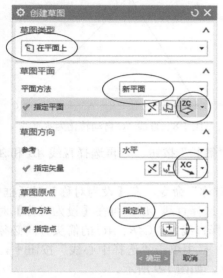

图 1-3　设置【创建草图】对话框参数　　　　图 1-4　设置【点】对话框参数

（5）连续两次单击"确定"按钮，进入草绘模式，把视图方向切换至草绘方向。

（6）单击"菜单｜插入｜草图曲线｜直线"命令，任意绘制 1 个三角形，如图 1-5所示。注意：3 条边之间不能有垂直、平行、水平、垂直等约束。

（7）单击"菜单｜插入｜草图约束｜几何约束"命令，在弹出的【几何约束】对话框中单击"点在曲线上"按钮，如图 1-6 所示。

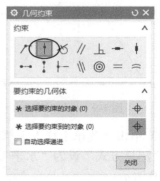

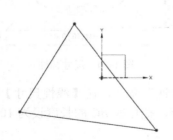

图 1-5　任意绘制 1 个三角形　　　　图 1-6　在【几何约束】对话框中单击
　　　　　　　　　　　　　　　　　　　　　　　"点在曲线上"按钮

（8）在弹出的【几何约束】对话框中单击"选择要约束的对象"按钮，选择 A 点，再在弹出的【几何约束】对话框中单击"选择要约束到的对象"按钮，选择 Y 轴，A 点自动移到 Y 轴上，如图1-7所示。

（9）在弹出的【几何约束】对话框中单击"水平"按钮，单击"选择要约束的对象"按钮，选择直线 BC，直线 BC 自动转化为水平线，如图1-8所示。

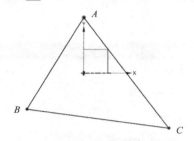
图1-7　A 点自动移到 Y 轴上

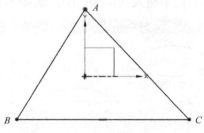
图1-8　直线 BC 自动转化为水平线

（10）在弹出的【几何约束】对话框中单击"等长"按钮，再选择直线 AB 和 AC，则直线 AB 与 BC 长度相等。

（11）单击"菜单｜插入｜草图约束｜设为对称"命令，在【设为对称】对话框中，先在"主对象"栏中单击"选择对象"按钮，选择直线 AB，再在【设为对称】对话框"次对象"栏中单击"选择对象"按钮，选择直线 AC（AB、AC 的箭头方向必须相同），最后在【设为对称】对话框"对称中心线"栏中单击"选择中心线"按钮，选择 Y 轴作为对称轴，直线 AB、AC 关于 Y 轴对称，如图1-9所示。

提示： 如果有的标注变成红色，这是因为存在多余的尺寸标注，请直接用键盘上的 Delete 键删除不需要的红色标注。

（12）单击"菜单｜插入｜草图约束｜尺寸｜角度"命令，选择直线 AB 和 AC，标识两条直线的夹角为80°，如图1-10所示。

图1-9　设为对称

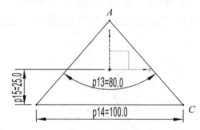
图1-10　尺寸标注

（13）单击"菜单｜插入｜草图约束｜尺寸｜线性"命令，在【线性尺寸】对话框中，把"测量方式"设为"水平"，选择 B 点和 C 点，把直线 BC 的长度设为100mm，如图1-10所示。

（14）在【线性尺寸】对话框中，单击"选择第1个对象"按钮，选择原点；在

4

【线性尺寸】对话框中单击"选择第 2 个对象"按钮⊕，选择 B 点。把"测量方式"设为"竖直"，把直线 BC 和原点的竖直距离设为 25.0mm。尺寸标注如图 1-10 所示。

（15）在空白处单击鼠标右键，在快捷菜单中单击"完成草图"命令▩，创建草图。

4．简单实体的建模

（1）启动 UG 12.0，单击"新建"按钮▢，在弹出的【新建】对话框中，把"单位"设为"毫米"，选择"模型"模块，把"名称"设为"ex2.prt"，对"文件夹"路径选择"D:\"选项。

（2）单击"确定"按钮，进入建模环境。此时，工作区的背景是灰色的，这是 UG 12.0 的默认颜色。

（3）单击"菜单|首选项|背景"命令，在【编辑背景】对话框中，对"着色视图"选择"◉纯色"选项、"线框视图"选择"◉纯色"选项，把"普通颜色"设为白色，如图 1-11 所示。

（4）单击"确定"按钮，工作区的背景变成白色。

（5）单击"拉伸"按钮▤，在弹出的【拉伸】对话框中单击"绘制截面"按钮▦，如图 1-12 所示。

（6）在弹出的【创建草图】对话框中，对"草图类型"选择"在平面上"选项、"平面方法"选择"新平面"选项。在"指定平面"栏中选择 XC-YC 平面选项▩，对"参考"选择"水平"选项、"指定矢量"选择 XC 轴图标，在"原点方法"栏中选择"指定点"选项，单击"指定点"按钮▣。在【点】对话框中，对"类型"选择"光标位置"选项，在 X、Y、Z 轴对应的栏中分别输入（0，0，0）。

（7）连续两次单击"确定"按钮，把工作区的视图方向切换至草绘方向。

（8）单击"菜单|插入|曲线|矩形"命令，在工作区任意绘制 1 个矩形，如图 1-13 所示。其中，尺寸标注数值是任意值。

图 1-11　设置【编辑背景】对话框参数

图 1-12　单击"绘制截面"按钮▦

（9）在工具栏中单击"显示草绘约束"按钮，使之呈弹起状态，隐藏草图中的约束符号。

（10）在工具栏中单击"设为对称"按钮，先选择直线 *AB*，再选择直线 *CD*。选择 *Y* 轴作为对称轴，要求直线 *AB*、*CD* 关于 *Y* 轴对称，对称效果如图 1-14 所示。

（11）在【设为对称】对话框中单击"选择中心线"按钮，先以 *X* 轴为对称轴，再选择直线 *AD* 和 *BC*，要求直线 *AD* 与 *BC* 关于 *X* 轴对称

提示： 因为系统默认以上一组对称的中心线为对称轴，所以在设置不同对称轴的对称约束时，应先选择对称轴，再选择其他的对称图素。

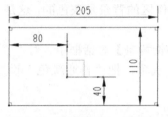

图 1-13　任意绘制 1 个矩形

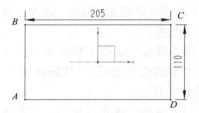

图 1-14　对称效果

（12）双击尺寸标注，把尺寸标注数值改为 100mm×50mm，如图 1-15 所示。

（13）在空白处单击鼠标右键，在快捷菜单中单击"完成草图"命令。在【拉伸】对话框中，对"指定矢量"选择"ZC↑"选项。在"开始"栏中选择"值"选项，把"距离"值设为 0mm；在"结束"栏中选择"值"选项，把"距离"值设为 5mm，如图 1-16 所示。

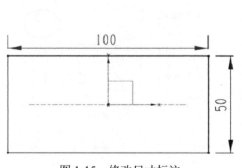

图 1-15　修改尺寸标注

图 1-16　设置【拉伸】对话框参数

（14）单击"确定"按钮，创建 1 个拉伸特征，特征的颜色是系统默认的棕色。

（15）在工作区上方单击"正三轴测图"按钮，切换视图方向后的拉伸特征（实

体）如图 1-17 所示。

（16）单击"菜单｜编辑｜对象显示"命令，选择实体后，单击"确定"按钮。在【编辑对象显示】对话框中的"工作层"一栏输入 10，如图 1-18 所示。把"颜色"设为黑色、"线型"设为"实线"，"线宽"选择 0.5mm。

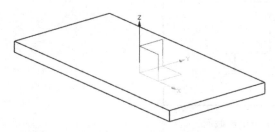
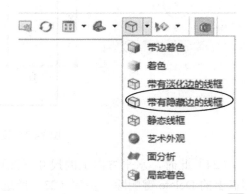

图 1-17　切换视图方向后的拉伸特征（实体）　　图 1-18　设置【编辑对象显示】对话框参数

（17）单击"确定"按钮，所创建的拉伸特征从工作区消失。

提示：这是因为所创建的拉伸特征移到第 10 个图层，而第 10 个图层的图素没有被打开。

（18）单击"菜单｜格式｜图层设置"命令，在弹出的【图层设置】对话框中选择"✔10"复选框（见图 1-19），显示第 10 个图层的图素。工作区显示实体，实体的颜色为黑色。

（19）在工作区上方的工具条中单击"带有隐藏边的线框"按钮（见图 1-20）。此时，实体以线框的形式显示。

图 1-19　勾选"✔10"复选框　　　　　图 1-20　单击"带有隐藏边的线框"按钮

（20）单击"拉伸"按钮▦▪，在弹出的【拉伸】对话框中单击"绘制截面"按钮▦，以 *XC-YC* 平面为草绘平面、*X* 轴为水平参考线。单击"确定"按钮，视图方向切换至草绘方向。

（21）任意绘制 1 个矩形截面，如图 1-21 所示。

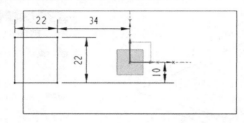

图 1-21　绘制 1 个矩形截面

（22）单击"设为对称"按钮[▦]，设置矩形截面的两条水平线关于 *X* 轴对称，如图 1-22 所示。

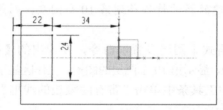

图 1-22　设置矩形截面的两条水平线关于 *X* 轴对称

（23）单击"几何约束"按钮[▦]，在弹出的【几何约束】对话框中，单击"共线"按钮[▦]，设置"共线"约束。选择草图左边的竖直线作为"要约束的对象"，选择实体左边的边线作为"要约束到的对象"，如图 1-23 所示。

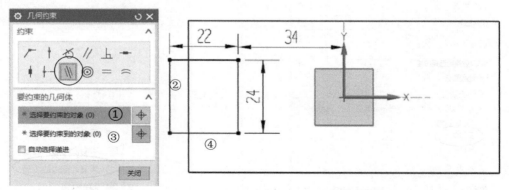

图 1-23　设置"共线"约束

（24）此时，水平方向上的尺寸标注可能变成红色。可选择变红色的尺寸标注，按键盘上的 Delete 键删除，步骤（23）所选择的竖直线与边线重合，如图 1-24 所示。

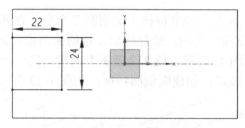

图 1-24 竖直线与边线重合

（25）双击尺寸标注数值，使之成为可编辑对象。把尺寸标注数值改为 20mm×16mm，如图 1-25 所示。

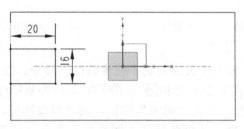

图 1-25 修改尺寸标注数值

（26）单击"草图"按钮█，在弹出的【拉伸】对话框中，对"指定矢量"选择"ZC↑"选项。在"开始"栏中选择"值"选项，把"距离"值设为 0mm；在"结束"栏中选择"█贯通"选项；对"布尔"选择"█求差"选项，如图 1-26 所示。

（27）单击"确定"按钮，创建缺口特征，如图 1-27 所示。

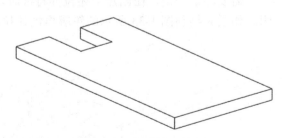

图 1-26 设置【拉伸】对话框参数　　　　　　　　图 1-27 创建缺口特征

（28）单击"菜单｜插入｜细节特征｜面倒圆"命令，在弹出的【面倒圆】对话框中，对"类型"选择"三面"选项。选择缺口左边的曲面作为面链 1、右边的曲面作为面链 2、中间的曲面作为中间面链，使 3 个箭头方向指向同一区域，如图 1-28 所示。

（29）单击"确定"按钮，创建面倒圆特征，如图 1-29 所示。

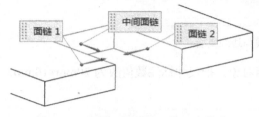

图 1-28　选择 3 个面链，使 3 个箭头
方向指向同一区域

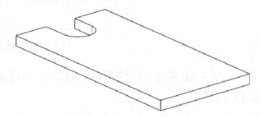

图 1-29　创建面倒圆特征

（30）单击"菜单｜插入｜关联复制｜镜像特征"命令。按住键盘上的 Ctrl 键，在"部件导航器"中选择☑▥拉伸 (2)和☑⌐面倒圆 (3)作为要镜像的特征，在工作区选择 *YC-ZC* 平面作为镜像平面。单击"确定"按钮，创建镜像特征，如图 1-30 所示。

（31）单击"菜单｜插入｜细节特征｜倒斜角"命令，在弹出的【倒斜角】对话框中的"横截面"一栏选择"对称"选项，把"距离"值设为 5mm，如图 1-31 所示。

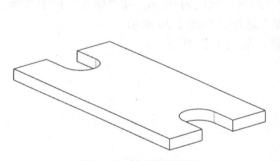

图 1-30　创建镜像特征

图 1-31　设置【倒斜角】对话框参数

（32）单击"确定"按钮，创建 5mm×5mm 的斜角，如图 1-32 所示。

需要注意的是，在创建上述拉伸特征时，需要把复杂的大轮廓分成若干简单的小轮廓。如果先绘制图 1-33 所示的轮廓再创建拉伸特征，那么草绘过程就比较困难。

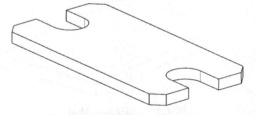

图 1-32　创建"边倒角"特征

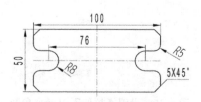

图 1-33　不宜先绘制的轮廓

（33）单击"菜单｜插入｜设计特征｜孔"命令，在弹出的【孔】对话框中单击"绘制截面"按钮■。在弹出的【创建草图】对话框中，对"草图类型"选择"在平面上"选项、"平面方法"选择"新平面"选项，在"指定平面"栏中选择*XC-YC*平面选项■，对"参考"选择"水平"选项、"指定矢量"选择*XC*轴选项■，在"原点方法"栏中选择"指定点"选项，单击"指定点"按钮■。在弹出的【点】对话框中，对"类型"选择"光标位置"选项，在*X*、*Y*、*Z*轴对应的栏中分别输入（0，0，0）。

（34）单击"确定"按钮，视图方向切换至草绘方向。

（35）绘制1个点并修改尺寸标注，如图1-34所示。

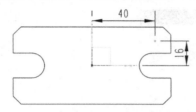

图1-34 绘制1个点并修改尺寸标注

（36）单击"完成"按钮■。在【孔】对话框中，对"类型"选择"常规孔"选项，把"孔方向"设为"垂直于面"、"成形"设为"沉头"、"深头直径"值设为8mm、"沉头深度"值设为2mm、"直径"值设为6mm。对"深度限制"选择"■贯通体"选项、"布尔"选择"■减去"选项，如图1-35所示。

（37）单击"确定"按钮，创建沉头孔特征，如图1-36所示。

图1-35 设置【孔】对话框参数

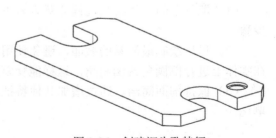

图1-36 创建沉头孔特征

（38）单击"菜单｜插入｜关联复制｜阵列特征"命令，在弹出的【阵列特征】对话框中，对"布局"选择"线性"选项。在"方向1"中，对"指定矢量"选择"XC↑"选项，在"间距"栏中选择"数量和节距"选项，把"数量"值设为2、"节距"值设为−80mm；取消"□对称"复选框中的"√"，勾选"✓使用方向2"复选框。在"方向2"中，对"指定矢量"选择"YC↑"选项，在"间距"栏中选择"数量和节距"选项，把"数量"值设为2、"节距"值设为−32mm，如图1-37所示。

（39）单击"确定"按钮，创建阵列特征，如图1-38所示。

（40）单击"保存"按钮，保存文档。

图1-37　设置【阵列特征】对话框参数

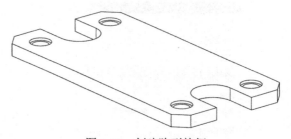

图1-38　创建阵列特征

5. 给初学者的几点建议

（1）把复杂的实体绘制过程分解为若干小步骤，使每个小步骤不能再分解成更小的步骤。

（2）尽量绘制最简易的截面，避免使用太多的倒圆角或倒斜角。如有必要，则可以在实体上进行倒圆角或倒斜角，这样能使复杂的实体简单化。

（3）保持剖面简洁，通过增加其他特征完成复杂的形状，这样可以使复杂的形状简单化。

（4）合理设置【拉伸】对话框和【旋转】对话框中的"开始"、"结束"参数，可以减少绘制实体的步骤。

（5）尽量用阵列、镜像等方式绘制实体上的相同特征。

（6）尽量选择基准平面作为草绘平面，方便以后修改实体。

（7）在绘制草图时，尽量使用几何约束命令，保持草图简洁。

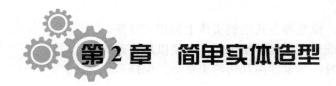

第 2 章　简单实体造型

本章以几个简单的造型为例子，详细介绍 UG 12.0 造型设计的基本方法。

1. 工作台

本节以 1 个简单的实体造型为例，产品结构图如图 2-1 所示。

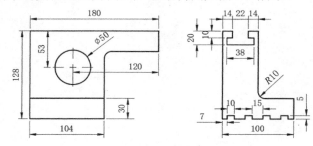

图 2-1　产品结构图

（1）启动 UG 12.0，单击"新建"按钮，在弹出的【新建】对话框中，把"单位"设为"毫米"。选择"模型"模块，把"名称"设为"ex2-1"、"文件夹"路径设为 D:\。

（2）单击"确定"按钮，进入建模环境。

（3）单击"拉伸"按钮，在弹出的【拉伸】对话框中单击"绘制截面"按钮。

（4）在【创建草图】对话框中，对"草图类型"选择"在平面上"选项、"平面方法"选择"新平面"选项、"参考"选择"水平"选项。单击"指定点"按钮，在【点】对话框中输入（0，0，0）。

（5）在工作区以 YC-ZC 平面为草绘平面、Y 轴为水平参考线。此时，工作区出现 1 个动态坐标系，动态坐标系与基准坐标系重合。

（6）单击"确定"按钮，工作区的视图方向切换至草绘方向。

（7）单击"菜单 | 插入 | 曲线 | 矩形"命令，任意绘制第 1 个矩形截面，如图 2-2 所示。

（8）单击"几何约束"按钮，在弹出的【几何约束】对话框中单击"共线"按钮，如图 2-3 所示。

（9）选择草图左边的竖直线作为"要约束的对象"，选择坐标系的 Y 轴作为"要约束到的对象"，删除变成红色的尺寸标注。

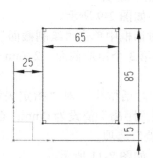

图 2-2 任意绘制第 1 个矩形截面

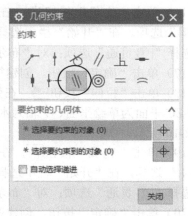

图 2-3 单击"共线"按钮

（10）采用相同的方法，设置所绘矩形下方的水平线与 X 轴共线，设置"共线"约束后的效果如图 2-4 所示。

（11）单击"显示草绘约束"按钮，使之呈弹起状态。隐藏草图中的约束符号，保持草图整洁，如图 2-5 所示。

图 2-4 设置"共线"约束后的效果

图 2-5 隐藏草图中的约束符号

（12）双击尺寸标注数值，把尺寸修改为 100mm×128mm，如图 2-6 所示。

（13）单击"完成"按钮，在弹出的【拉伸】对话框中，对"指定矢量"选择"-XC↓"选项。在"开始"栏中选择"值"选项，把"距离"值设为 0mm；在"结束"栏中选择"值"选项，把"距离"值设为 180mm；对"布尔"选择"无"选项。

（14）单击"确定"按钮，创建拉伸特征，如图 2-7 所示。

（15）单击"拉伸"按钮，在弹出的【拉伸】对话框中单击"绘制截面"按钮，以 YC-ZC 平面为草绘平面、Y 轴为水平参考线，绘制第 2 个矩形截面（50mm×98mm），如图 2-8 所示。

图 2-6 修改尺寸标注数值

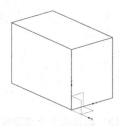

图 2-7 创建拉伸特征

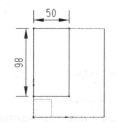

图 2-8 绘制第 2 个矩形截面

（16）单击"完成"按钮🏁，在弹出的【拉伸】对话框中，对"指定矢量"选择"-XC↓"选项。在"开始"栏中选择"值"选项，把"距离"值设为0mm；在"结束"栏中选择"🔲贯通"选项；对"布尔"选择"🔳求差"选项。

（17）单击"确定"按钮，创建第1个求差特征，如图2-9所示。

（18）单击"拉伸"按钮🔳，在弹出的【拉伸】对话框中单击"绘制截面"按钮🔲，以 *YC-ZC* 平面为草绘平面、*Y* 轴为水平参考线，绘制第3个矩形截面（22mm×10mm），如图2-10所示。

（19）单击"完成"按钮🏁，在弹出的【拉伸】对话框中，对"指定矢量"选择"-XC↓"选项。在"开始"栏中选择"值"选项，把"距离"值设为0mm；在"结束"栏中选择"🔲贯通"选项；对"布尔"选择"🔳求差"选项。

（20）单击"确定"按钮，创建第2个求差特征，如图2-11所示。

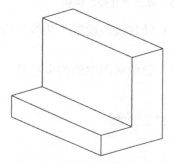
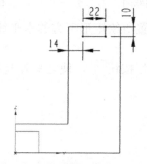
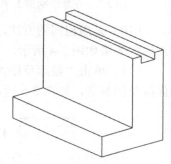

图2-9　创建第1个求差特征　　图2-10　绘制第3个矩形截面　　图2-11　创建第2个求差特征

（21）单击"拉伸"按钮🔳，在弹出的【拉伸】对话框中单击"绘制截面"按钮🔲，以 *YC-ZC* 平面为草绘平面、*Y* 轴为水平参考线，绘制第4个矩形截面（38mm×10mm），如图2-12所示。

（22）单击"完成"按钮🏁，在弹出的【拉伸】对话框中，对"指定矢量"选择"-XC↓"选项。在"开始"栏中选择"值"选项，把"距离"值设为0mm；在"结束"栏中选择"🔲贯通"选项；对"布尔"选择"🔳求差"选项。

（23）单击"确定"按钮，创建第3个求差特征，如图2-13所示。

（24）单击"边倒圆"按钮🔳，创建边倒圆特征（*R*10mm），如图2-14所示。

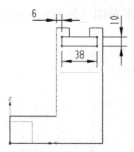

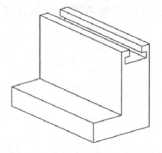
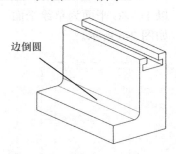

图2-12　绘制第4个矩形截面　　图2-13　创建第3个求差特征　　图2-14　创建边倒圆特征

读者可以尝试把（7）～（24）步骤改为先绘制整个截面，再创建拉伸特征，如图 2-15 所示。虽然同样能绘制实体，但是因为所绘制的截面复杂，绘制方法不如分成多个小步骤灵活，所以不建议用这种方法。

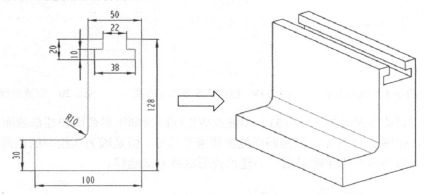

图 2-15　先绘制整个截面，再创建拉伸特征

（25）单击"拉伸"按钮，在弹出的【拉伸】对话框中单击"绘制截面"按钮，以 *XC-ZC* 平面为草绘平面、*X* 轴为水平参考线，绘制第 5 个矩形截面（76mm×98mm），如图 2-16 所示。

提示： 如果视图方向与图中的方向不符合，请在【拉伸】对话框的"指定矢量"栏中单击"反向"按钮，使 *XC-ZC* 平面的法向指向 *Y* 轴的负方向，可以改变视图方向。

（26）单击"完成"按钮，在弹出的【拉伸】对话框中，对"指定矢量"选择"YC↑"选项。在"开始"栏中选择"值"选项，把"距离"值设为 0mm；在"结束"栏中选择"贯通"选项；对"布尔"选择"求差"选项。

（27）单击"确定"按钮，创建第 4 个求差特征，如图 2-17 所示。

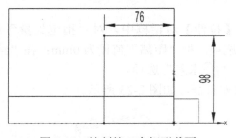

图 2-16　绘制第 5 个矩形截面

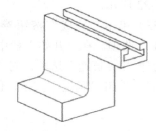

图 2-17　创建第 4 个求差特征

（28）单击"拉伸"按钮，在弹出的【拉伸】对话框中单击"绘制截面"按钮，以 *XC-ZC* 平面为草绘平面、*X* 轴为水平参考线，绘制 1 个圆形截面，如图 2-18 所示。

（29）单击"完成"按钮，在弹出的【拉伸】对话框中，对"指定矢量"选择"YC↑"选项。在"开始"栏中选择"值"选项，把"距离"值设为 0mm；在"结束"栏中选择"贯通"选项；对"布尔"选择"求差"选项。

（30）单击"确定"按钮，创建第 5 个求差特征，如图 2-19 所示。

（31）单击"边倒圆"按钮 ，创建边倒圆特征，如图2-20所示。

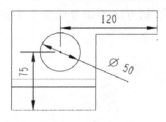

图2-18　绘制1个圆形截面

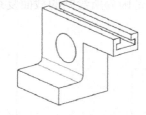

图2-19　创建第5个求差特征

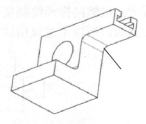

图2-20　创建边倒圆特征

读者可以尝试把（25）～（31）步骤改成先同时绘制矩形截面和圆形截面，再创建求差特征，如图2-21所示。虽然同样能创建求差特征，但是因为所绘制的截面复杂，绘制方法不如分成多个小步骤灵活，不建议使用这种方法建模。

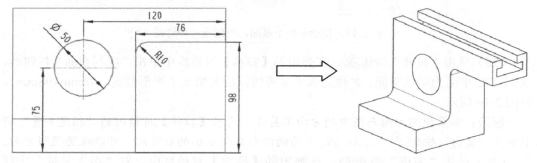

图2-21　先绘制矩形截面与圆形截面，再创建求差特征

（32）单击"拉伸"按钮 ，在弹出的【拉伸】对话框中单击"绘制截面"按钮 ，以 *YC-ZC* 平面为草绘平面、*Y* 轴为水平参考线，绘制第6个矩形截面（10mm×5mm），如图2-22所示。

（33）单击"完成"按钮 ，在弹出的【拉伸】对话框中，对"指定矢量"选择 "-XC↓"选项。在"开始"栏中选择"值"选项，把"距离"值设为0mm；在"结束"栏中选择" 贯通"选项；对"布尔"选择" 求差"选项。

（34）单击"确定"按钮，创建第6个求差特征，如图2-23所示。

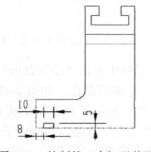

图2-22　绘制第6个矩形截面

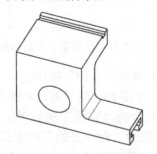

图2-23　创建第6个求差特征

（35）单击"菜单 | 插入 | 关联复制 | 阵列特征"命令，在弹出的【阵列特征】对话框中，对"布局"选择"⊞线性"选项。在"方向 1"栏中，对"指定矢量"选择"XC↑"选项。在"间距"栏中选择"数量和间隔"选项，把"数量"值设为 4、"节距"值设为 25mm。

（36）单击"确定"按钮，创建阵列特征，如图 2-24 所示。

提示：在绘制实体下底面的 4 条槽时，不可以先创建图 2-25 所示的相同截面再创建槽。

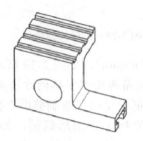

图 2-24 创建阵列特征

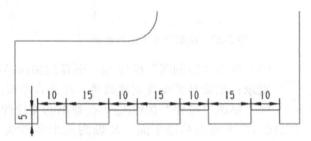

图 2-25 不可以先创建相同的截面再创建槽

（37）单击"保存"按钮📷，保存文档。

2. 支撑柱

本节以 1 个简单的实体造型为例，产品结构图如图 2-26 所示。

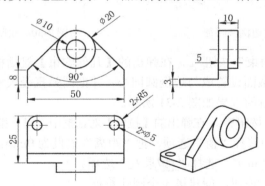

图 2-26 产品结构图

（1）启动 UG 12.0，单击"新建"按钮📄，在弹出的【新建】对话框中，把"单位"设为"毫米"。选择"模型"模块，把"名称"设为"ex2-2"、"文件夹"路径设为 D:\。单击"确定"按钮，进入建模环境。

（2）单击"拉伸"按钮📦，在弹出的【拉伸】对话框中单击"绘制截面"按钮📐，以 *XC-YC* 平面为草绘平面、*X* 轴为水平参考线，绘制第 1 个矩形截面（50mm×25mm），如图 2-27 所示。

（3）单击"完成"按钮🏁，在弹出的【拉伸】对话框中，对"指定矢量"选择"ZC↑"

选项。在"开始"栏中选择"值"选项，把"距离"值设为0mm；在"结束"栏中选择"值"选项，把"距离"值设为3mm；对"布尔"选择"🔘无"选项。

（4）单击"确定"按钮，创建拉伸特征，如图2-28所示。

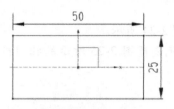

图2-27　绘制第1个矩形截面

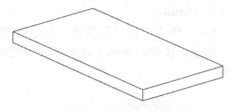

图2-28　创建拉伸特征

（5）单击"边倒圆"按钮🔲，创建边倒圆特征（2×R5mm），如图2-29所示。

提示：先绘制实体再创建圆角，比先在草图上创建圆角再绘制实体的方法更方便。

（6）单击"拉伸"按钮🔳，在弹出的【拉伸】对话框中单击"绘制截面"按钮🔳，以 *XC-YC* 平面为草绘平面、X 轴为水平参考线，任意绘制 1 个圆形截面，如图2-30所示。

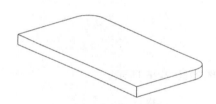

图2-29　创建边倒圆特征

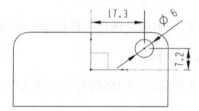

图2-30　绘制 1 个圆形截面

（7）单击"几何约束"按钮📐，在弹出的【几何约束】对话框中单击"同心"按钮◎，把所绘制的圆形截面设置成与边倒圆同心，并把圆弧直径尺寸标注改为 *ϕ*5（单位：mm）。设置同心约束后的效果如图2-31所示。

（8）单击"完成"按钮🔲，在弹出的【拉伸】对话框中，对"指定矢量"选择"ZC↑"选项。在"开始"栏中选择"值"选项，把"距离"值设为0mm；在"结束"栏中选择"🔲贯通"选项；对"布尔"选择"🔲求差"选项。

（9）单击"确定"按钮，创建第 1 个圆孔特征。

（10）采用相同的方法，创建第 2 个圆孔特征。两个圆孔特征如图2-32所示。

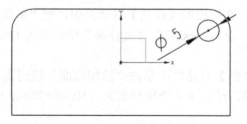

图2-31　设置同心约束后的效果

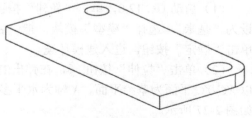

图2-32　两个圆孔特征

（11）单击"拉伸"按钮![],在弹出的【拉伸】对话框中单击"绘制截面"按钮![]。选择实体的前侧面作为草绘平面，选择边线作为水平参考线，如图 2-33 所示。

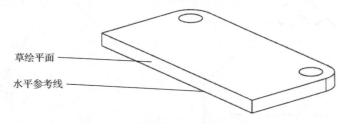

图 2-33　选择草绘平面与水平参考线

（12）单击"确定"按钮，进入草绘模式，并任意绘制 1 个截面，如图 2-34 所示。

（13）单击"几何约束"按钮![],在弹出的【几何约束】对话框中选择"竖直"按钮![]。选择所绘截面的左、右两条边线，两条边线转化为平行的竖直线，并且两条边线上都有 1 个"竖直"约束的符号。设置"竖直"约束后的效果如图 2-35 所示。

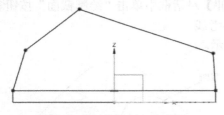

图 2-34　任意绘制 1 个截面

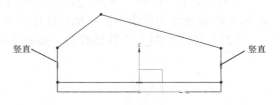

图 2-35　设置"竖直"约束后的效果

（14）在弹出的【几何约束】对话框中单击"相等"按钮![],设置左、右两条边线相等。设置后，左、右两条边线上多了"相等"的符号，如图 2-36 所示。

（15）在弹出的【几何约束】对话框中单击"点在曲线上"按钮![]。选择顶点作为"要约束的对象"，选择 Y 轴作为"要约束到的对象"，把顶点约束到 Y 轴上，如图 2-37 所示。

图 2-36　设置左、右两条边线相等

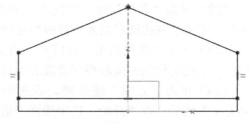

图 2-37　把顶点约束到 Y 轴上

（16）修改尺寸标注，如图 2-38 所示。

（17）单击"完成"按钮![],在弹出的【拉伸】对话框中，对"指定矢量"选择"YC↑"选项。在"开始"栏中选择"值"选项，把"距离"值设为 0mm；在"结束"栏中选择"值"选项，把"距离"值设为 5mm；对"布尔"选择"![]合并"选项。

（18）单击"确定"按钮，创建拉伸特征，如图 2-39 所示。

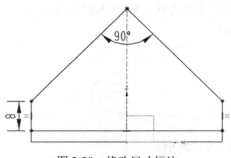

图 2-38　修改尺寸标注

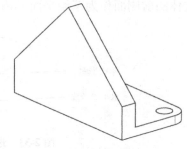

图 2-39　创建拉伸特征

（19）单击"边倒圆"按钮 ，创建边倒圆特征（R10mm），如图 2-40 所示。

提示：这个边倒圆是在实体上创建的，比先在草图上创建边倒圆再绘制实体的方法更方便。

（20）单击"拉伸"按钮 ，在弹出的【拉伸】对话框中单击"绘制截面"按钮 。选择实体侧面作为草绘平面，把边线作为水平参考线。

（21）任意绘制 1 个圆形截面，如图 2-41 所示。

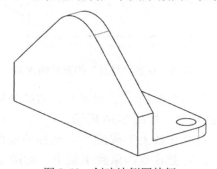

图 2-40　创建边倒圆特征

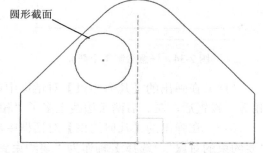

圆形截面

图 2-41　任意绘制 1 个圆形截面

（22）单击"几何约束"按钮 ，在弹出的【几何约束】对话框中选择"同心"按钮 ，把所绘制的圆形截面设置成与边倒圆同心，如图 2-42 所示。

（23）单击"几何约束"按钮 ，在弹出的【几何约束】对话框中选择"等半径"按钮 ，把所绘制的圆形截面设置成与边倒圆的半径相等，如图 2-43 所示。

（24）单击"完成"按钮 ，在弹出的【拉伸】对话框中，对"指定矢量"选择"-YC↓"选项。在"开始"栏中选择"值"选项，把"距离"值设为 0mm；在"结束"栏中选择"值"选项，把"距离"值设为 5mm；对"布尔"选择" 合并"选项。

（25）单击"确定"按钮，创建拉伸特征，如图 2-44 所示。

（26）单击"拉伸"按钮 ，在弹出的【拉伸】对话框中单击"绘制截面"按钮 ，选择圆柱的端面作为草绘平面，选择边线作为水平参考线。按照上述步骤，绘制 1 个同心圆，直径尺寸标注为 ϕ10mm，如图 2-45 所示。

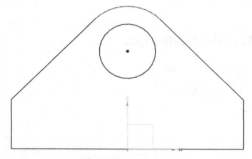

图 2-42　设置圆形截面与边倒圆同心

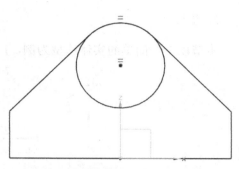

图 2-43　设置圆形截面与边倒圆的半径相等

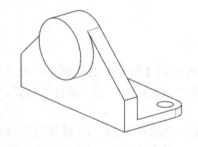

图 2-44　创建拉伸特征

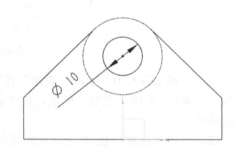

图 2-45　绘制 1 个同心圆

（27）单击"完成"按钮，在弹出的【拉伸】对话框中，对"指定矢量"选择"-YC↑"选项。在"开始"栏中选择"贯通"选项；在"结束"栏中选择"贯通"选项；对"布尔"选择"减去"选项。

（28）单击"确定"按钮，创建切除特征，如图 2-46 所示。

（29）单击"倒斜角"按钮，创建倒斜角特征（1mm×1mm），如图 2-47 所示。

（30）单击"保存"按钮，保存文档。

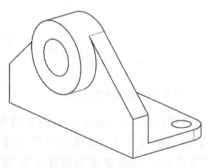

图 2-46　创建切除特征

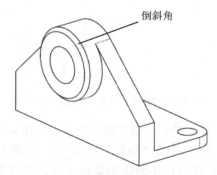

倒斜角

图 2-47　创建倒斜角特征

总结： 在绘制实体时，应先绘制最简单的截面，尽量避免绘制圆弧（倒角）。如果实体上存在圆角（斜角），那么可以在实体上创建圆角（斜角）特征。

3．垫块

本节以 1 个简单的实体造型为例，产品结构图如图 2-48 所示。

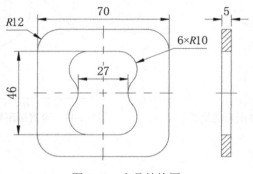

图 2-48　产品结构图

（1）启动 UG 12.0，单击"新建"按钮 🗋，在弹出的【新建】对话框中，把"单位"设为"毫米"，选择"模型"模块，把"名称"设为"ex2-3"。单击"确定"按钮，进入建模环境。

（2）单击"拉伸"按钮 🗊，在弹出的【拉伸】对话框中单击"绘制截面"按钮 🗐，选择 *XC-YC* 平面作为草绘平面，把 *X* 轴作为水平参考线，绘制 1 个矩形截面（70mm×70mm），如图 2-49 所示。

（3）单击"完成"按钮 🗹，在弹出的【拉伸】对话框中，对"指定矢量"选择"ZC↑"选项。在"开始"栏中选择"值"选项，把"距离"值设为 0mm；在"结束"栏中选择"值"选项，把"距离"值设为 5mm；对"布尔"选择"🔘无"选项。

（4）单击"确定"按钮，创建拉伸特征，如图 2-50 所示。

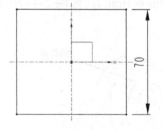

图 2-49　绘制 1 个矩形截面

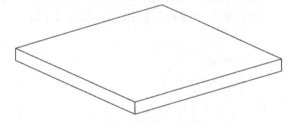

图 2-50　创建拉伸特征

（5）单击"边倒圆"按钮 🗎，在 4 个角上创建边倒圆特征（*R*12mm），如图 2-51 所示。

（6）单击"拉伸"按钮 🗊，在弹出的【拉伸】对话框中单击"绘制截面"按钮 🗐。选择 *XC-YC* 平面作为草绘平面，把 *X* 轴作为水平参考线，绘制 2 条直线和 6 条圆弧，如图 2-52 所示。

（7）单击"几何约束"按钮 🗝，在弹出的【几何约束】对话框中单击"水平"按钮 🗝，使两条直线保持水平。

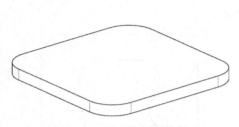

图 2-51　创建边倒圆特征

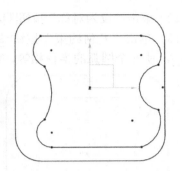

图 2-52　绘制 2 条直线和 6 条圆弧

（8）单击"几何约束"按钮，在弹出的【几何约束】对话框中选择"相切"按钮，使直线与圆弧两两相切，如图 2-53 所示。

（9）单击"设为对称"按钮，把两条水平线设置成关于 X 轴对称，如图 2-54 所示。

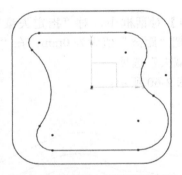

图 2-53　使直线与圆弧两两相切

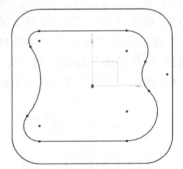

图 2-54　两条直线关于 X 轴对称

（10）单击"设为对称"按钮，把左、右圆弧设置成关于 Y 轴对称，如图 2-55 所示。

（11）单击"几何约束"按钮，在弹出的【几何约束】对话框中选择"点在曲线上"按钮，把左、右两边中间圆弧的圆心设置在 X 轴上，如图 2-56 所示。

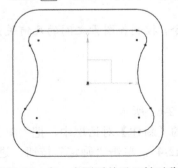

图 2-55　左、右圆弧关于 Y 轴对称

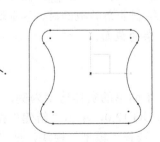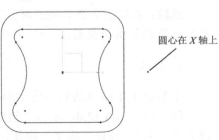

圆心在 X 轴上

圆心在 X 轴上

图 2-56　圆心在 X 轴上

（12）单击"设为对称"按钮[🔧]，把上、下圆弧设置成关于 X 轴对称，如图 2-57 所示。

（13）单击"几何约束"按钮[🔲]，在弹出的【几何约束】对话框中单击"等半径"按钮[≋]，使 6 个圆弧的半径相等，如图 2-58 所示。

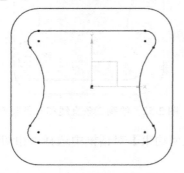 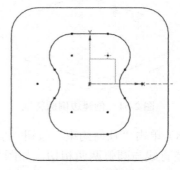

图 2-57　上、下圆弧关于 X 轴对称　　　　图 2-58　6 个圆弧的半径相等

（14）修改尺寸标注，如图 2-59 所示。

（15）单击"完成"按钮[🔳]，在弹出的【拉伸】对话框中，对"指定矢量"选择"ZC↑"选项。在"开始"栏中选择"值"选项，把"距离"值设为 0mm；在"结束"栏中选择"[📦]贯通"选项；对"布尔"选择"[🔲]减去"选项。

（16）单击"确定"按钮，创建切除特征，如图 2-60 所示。

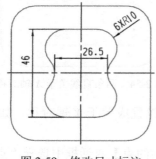 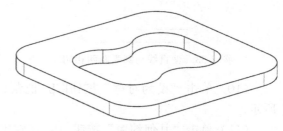

图 2-59　修改尺寸标注　　　　　　　图 2-60　创建切除特征

（17）单击"保存"按钮[💾]，保存文档。

总结： 在绘制复杂的截面时，尽量运用几何约束命令，控制各图素之间的几何关系，有利于简化复杂的截面。

4. 垫板

本节以 1 个简单的实体造型为例，产品结构图如图 2-61 所示。

（1）启动 UG 12.0，单击"新建"按钮[📄]，在弹出的【新建】对话框中，把"单位"设为"毫米"，选择"模型"模块，把"名称"设为"ex2-4"。单击"确定"按钮，进入建模环境。

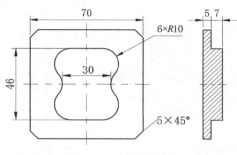

图 2-61　产品结构图

（2）单击"拉伸"按钮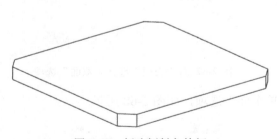，在弹出的【拉伸】对话框中单击"绘制截面"按钮 。以 XC-YC 平面为草绘平面、X 轴为水平参考线，绘制第 1 个矩形截面（70mm×70mm）。

（3）单击"完成"按钮 ，在弹出的【拉伸】对话框中，对"指定矢量"选择"ZC↑"选项。在"开始"栏中选择"值"选项，把"距离"值设为 0mm；在"结束"栏中选择"值"选项，把"距离"值设为 5mm；对"布尔"选择" 无"选项。

（4）单击"确定"按钮，创建拉伸特征。

（5）单击"倒斜角"按钮 ，创建倒斜角特征（5mm×5mm），如图 2-62 所示。

提示：先绘制实体再创建倒斜角，比先在草图上创建斜角再绘制实体的方法更方便。

（6）单击"拉伸"按钮 ，在弹出的【拉伸】对话框中单击"绘制截面"按钮 。以 XC-YC 平面为草绘平面、X 轴为水平参考线，绘制第 2 个矩形截面（46mm×46mm），如图 2-63 所示。

图 2-62　创建倒斜角特征

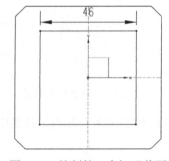

图 2-63　绘制第 2 个矩形截面

（7）单击"完成"按钮 ，在弹出的【拉伸】对话框中，对"指定矢量"选择"ZC↑"选项。在"开始"栏中选择"值"选项，把"距离"值设为 0mm；在"结束"栏中选择"值"选项，把"距离"值设为 10mm；对"布尔"选择" 合并"选项。

（8）单击"确定"按钮，创建拉伸特征，如图 2-64 所示。

（9）单击"拉伸"按钮 ，在弹出的【拉伸】对话框中单击"绘制截面"按钮 ，选择台阶面作为草绘平面，以 X 轴为水平参考线，任意绘制 1 个圆形截面（φ20mm），如图 2-65 所示。

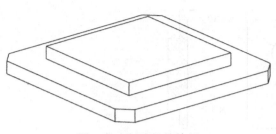

图 2-64 创建拉伸特征

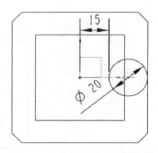

图 2-65 绘制 1 个圆形截面

（10）单击"完成"按钮 ，在弹出的【拉伸】对话框中，对"指定矢量"选择"ZC↑"选项。在"开始"栏中选择"值"选项，把"距离"值设为0mm；在"结束"栏中选择" 贯通"选项；对"布尔"选择" 减去"选项。

（11）单击"确定"按钮，创建切除特征，如图 2-66 所示。

（12）单击"菜单｜插入｜细节特征｜面倒圆"命令，在弹出的【面倒圆】对话框中，对"类型"选择"双面"选项，如图 2-67 所示。

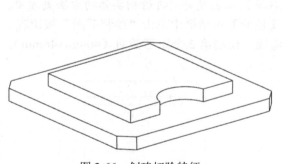

图 2-66 创建切除特征

图 2-67 对"类型"选择"双面"选项

（13）在工作区上方的工具条中选择"单个面"选项，如图 2-68 所示。

图 2-68 选择"单个面"选项

（14）在实体上选择"面链 1"与"面链 2"，调整箭头方向，如图 2-69 所示。

（15）在【面倒圆】对话框中把"半径"值设为10mm。

（16）单击"确定"按钮，创建面倒圆特征，如图 2-70 所示。

（17）采用相同的方法，创建其余 3 个面倒圆特征，如图 2-71 所示。

总结： 在创建复杂形状的实体时，先创建简单的实体再创建两个切除特征，然后运用倒圆角命令创建复杂形状的实体。本节的造型与上一节的造型基本相同，读者可以自行比较一下两种方法的优劣，有兴趣的读者可以用本节介绍的方法创建上一节的实体。

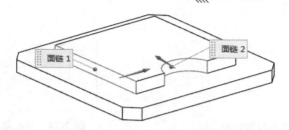

图 2-69 选择"面链 1"与"面链 2"并调整箭头方向

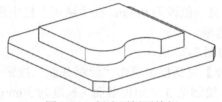

图 2-70 创建面倒圆特征

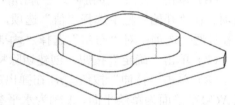

图 2-71 创建其余 3 个面倒圆特征

5. 双孔板

本节以 1 个简单的实体造型作为例，产品结构图如图 2-72 所示。

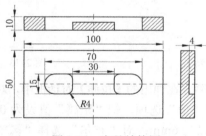

图 2-72 产品结构图

（1）启动 UG 12.0，单击"新建"按钮，在弹出的【新建】对话框中，把"单位"设为"毫米"，选择"模型"模块，把"名称"设为"ex2-5"。单击"确定"按钮，进入建模环境。

（2）单击"拉伸"按钮，在弹出的【拉伸】对话框中单击"绘制截面"按钮。以 *XC-YC* 平面为草绘平面、*X* 轴为水平参考线，以原点为中心绘制第 1 个矩形截面（100mm×50mm）。

（3）单击"完成"按钮，在弹出的【拉伸】对话框中，对"指定矢量"选择"ZC↑"选项。在"开始"栏中选择"值"选项，把"距离"值设为 0mm；在"结束"栏中选择"值"选项，把"距离"值设为 10mm；对"布尔"选择"无"选项。

（4）单击"确定"按钮，创建拉伸特征，如图 2-73 所示。

（5）单击"拉伸"按钮，在弹出的【拉伸】对话框中单击"绘制截面"按钮，以 *XC-YC* 平面为草绘平面、*X* 轴为水平参考线，绘制第 2 个矩形截面（70mm×15mm），如图 2-74 所示。

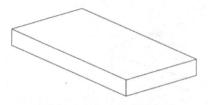

图 2-73　创建拉伸特征

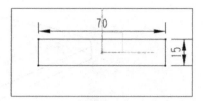

图 2-74　绘制第 2 个矩形截面

（6）单击"完成"按钮💷，在弹出的【拉伸】对话框中，对"指定矢量"选择"ZC↑"选项。在"开始"栏中选择"值"选项，把"距离"值设为 0mm；在"结束"栏中选择"🔲贯通"选项；对"布尔"选择"🔲减去"选项。

（7）单击"确定"按钮，创建切除特征，如图 2-75 所示。

（8）单击"拉伸"按钮🔳，在弹出的【拉伸】对话框中单击"绘制截面"按钮🔳。以 *XC-YC* 平面为草绘平面、*X* 轴为水平参考线，绘制第 3 个矩形截面（长度为 30mm 的两条水平线分别与方形孔的边线重合，两条竖直边线关于 *Y* 轴对称），如图 2-76 所示。

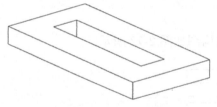

图 2-75　创建切除特征

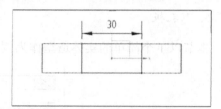

图 2-76　绘制第 3 个矩形截面

（9）单击"完成"按钮💷，在弹出的【拉伸】对话框中，对"指定矢量"选择"ZC↑"选项。在"开始"栏中选择"值"选项，把"距离"值设为 0mm；在"结束"栏中选择"值"选项，把"距离"值设为 6mm；对"布尔"选择"🔲合并"选项。

（10）单击"确定"按钮，创建合并特征，如图 2-77 所示。

（11）单击"菜单｜插入｜细节特征｜面倒圆"命令，在弹出的【面倒圆】对话框中，对"类型"选择"三面"选项。

（12）在工作区上方的工具条中，选择"单个面"选项，在实体上选择面链 1、面链 2 和中间面链。注意：3 个箭头方向指向同一区域，如图 2-78 所示。

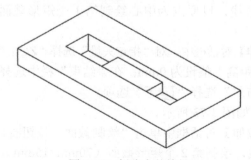

图 2-77　创建合并特征

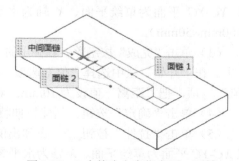

图 2-78　3 个箭头方向指向同一区域

（13）单击"确定"按钮，创建面倒圆特征，如图 2-79 所示。

（14）单击"边倒圆"按钮，创建边倒圆特征（*R*4mm），如图 2-80 所示。

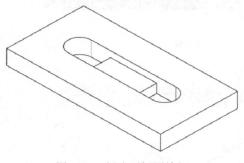

图 2-79　创建面倒圆特征

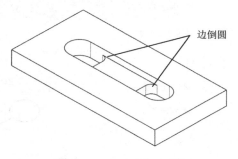

图 2-80　创建边倒圆特征

（15）单击"保存"按钮，保存文档。

总结：在创建复杂形状的实体时，可以适当增加一些特征，简化整个设计过程。

6. 旋转体

本节以 1 个简单的实体造型为例，产品结构图如图 2-81 所示。

（1）启动 UG 12.0，单击"新建"按钮，在弹出的【新建】对话框中，把"单位"设为"毫米"，选择"模型"模块，把"名称"设为"ex2-6"。单击"确定"按钮，进入建模环境。

（2）单击"菜单｜插入｜设计特征｜旋转"命令，在弹出的【旋转】对话框中单击"绘制截面"按钮，以 *XC-ZC* 平面为草绘平面，以 *X* 轴为水平参考线，绘制 1 个截面，如图 2-82 所示。

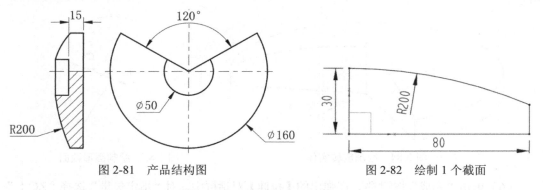

图 2-81　产品结构图　　　　　　　　图 2-82　绘制 1 个截面

（3）单击"完成"按钮，在【旋转】对话框中，对"指定矢量"选择"ZC↑"选项。在"开始"栏中选择"值"选项，把"角度"值设为 60°；在"结束"栏中选择"值"选项，把"角度"值设为 300°；对"布尔"选择"无"选项。单击"指定点"按钮，输入（0，0，0），如图 2-83 所示。

图 2-83　设置【旋转】对话框参数

（4）单击"确定"按钮，绘制旋转实体，如图 2-84 所示。

（5）单击"拉伸"按钮▥，在弹出的【拉伸】对话框中单击"绘制截面"按钮▨。以 *XC-YC* 平面为草绘平面、*X* 轴为水平参考线，绘制 1 个圆形截面（*R*15mm），如图 2-85 所示。

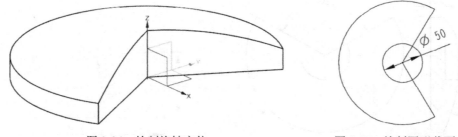

图 2-84　绘制旋转实体　　　　　　　　　图 2-85　绘制圆形截面

（6）单击"完成"按钮▨，在弹出的【拉伸】对话框中，对"指定矢量"选择"ZC↑"选项。在"开始"栏中选择"值"选项，把"距离"值设为 15mm；在"结束"栏中选择"▨贯通"选项；对"布尔"选择"▨减去"选项。

（7）单击"确定"按钮，创建切除特征，如图 2-86 所示。

（8）单击"保存"按钮▨，保存文档。

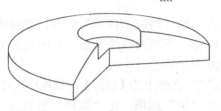

图 2-86　创建切除特征

总结：在创建复杂形状的实体时，合理设置【拉伸】、【旋转】对话框中的"开始"和"结束"参数，可以减少绘制实体的步骤。

7. 三通

本节以 1 个简单的实体造型为例，产品结构图如图 2-87 所示。

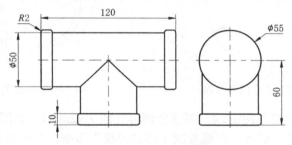

图 2-87　产品结构图

（1）启动 UG 12.0，单击"新建"按钮，在弹出的【新建】对话框中，把"单位"设为"毫米"，选择"模型"模块，把"名称"设为"ex2-7"。单击"确定"按钮，进入建模环境。

（2）单击"菜单 | 插入 | 设计特征 | 拉伸"命令，在弹出的【拉伸】对话框中单击"绘制截面"按钮。以 *YC-ZC* 平面为草绘平面、*Y* 轴为水平参考线，绘制第 1 个圆形截面（50mm），如图 2-88 所示。

（3）单击"完成"按钮，在【拉伸】对话框中，对"指定矢量"选择"-XC↓"选项。在"开始"栏中选择"值"选项，把"距离"值设为 0mm；在"结束"栏中选择"值"选项，把"距离"值设为 50mm；对"布尔"选择"无"选项。

（4）单击"确定"按钮，创建第 1 个拉伸特征，如图 2-89 所示。

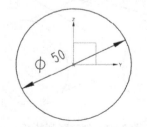

图 2-88　绘制第 1 个圆形截面

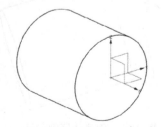

图 2-89　创建第 1 个拉伸特征

（5）单击"菜单｜插入｜设计特征｜拉伸"命令，在弹出的【拉伸】对话框中单击"绘制截面"按钮📥。以 *YC-ZC* 平面为草绘平面、*Y* 轴为水平参考线，绘制第 2 个圆形截面（*R*55mm），如图 2-90 所示。

（6）单击"完成"按钮🏁，在弹出的【拉伸】对话框中，对"指定矢量"选择"-XC↓"选项。在"开始"栏中选择"值"选项，把"距离"值设为 50mm；在"结束"栏中选择"值"选项，把"距离"值设为 60mm；对"布尔"选择"🔗合并"选项。

（7）单击"确定"按钮，创建第 2 个拉伸特征，如图 2-91 所示。

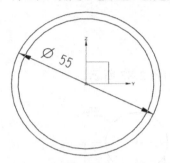

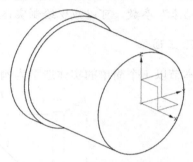

图 2-90　绘制第 2 个圆形截面　　　　　图 2-91　创建第 2 个拉伸特征

（8）单击"边倒圆"按钮🔘，创建边倒圆特征（*R*2mm），如图 2-92 所示。

（9）单击"菜单｜插入｜关联复制｜阵列特征"命令，在弹出的【阵列特征】对话框中。对"布局"选择"⭕圆形"选项，对"指定矢量"选择"ZC↑"选项，把"指定点"设为（0，0，0）。在"间距"栏中选择"数量和跨距"选项，把"数量"值设为 3、"跨角"值设为 180°。

（10）按住键盘上的 Ctrl 键，在"部件导航器"中选择☑🔲拉伸 (1)、☑🔲拉伸 (2) 和☑🔲边倒圆 (3)选项。

（11）单击"确定"按钮，创建阵列特征，如图 2-93 所示。此时，3 个拉伸特征之间没有相交线，互相独立。

（12）单击"菜单｜插入｜组合｜🔗合并"命令，组合 3 个圆柱体，如图 2-94 所示。此时，圆柱之间出现了相交线。

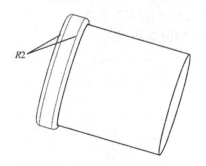

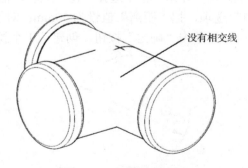

没有相交线

图 2-92　创建边倒圆特征　　　　　　图 2-93　创建阵列特征

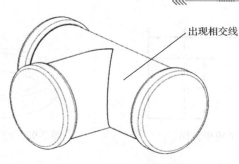

出现相交线

图 2-94　组合 3 个圆柱体

总结：在设计产品造型时，尽量用阵列、镜像等方式来绘制实体上相同的特征，可以减少绘制实体的步骤。

8. 放大镜

本节以 1 个简单的实体造型为例，产品结构图如图 2-95 所示。

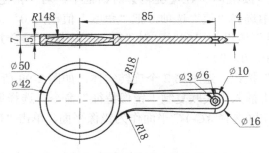

图 2-95　产品结构图

（1）启动 UG 12.0，单击"新建"按钮，在弹出的【新建】对话框中，把"单位"设为"毫米"，选择"模型"模块，把"名称"设为"ex2-8"。单击"确定"按钮，进入建模环境。

（2）单击"菜单丨插入丨设计特征丨旋转"命令，在弹出的【拉伸】对话框中单击"绘制截面"按钮，以 YC-ZC 平面为草绘平面、Y 轴为水平参考线，绘制 1 个矩形截面，如图 2-96 所示。

（3）单击"完成"按钮，在【旋转】对话框中，对"指定矢量"选择"ZC↑"选项。在"开始"栏中选择"值"选项，把"角度"值设为 0°；在"结束"栏中选择"值"选项，把"角度"值设为 360°；对"布尔"选择"无"选项。单击"指定点"按钮，输入（0，0，0）。

（4）单击"确定"按钮，绘制第 1 个旋转实体，如图 2-97 所示。

（5）单击"菜单丨插入丨设计特征丨旋转"命令，在弹出的【旋转】对话框中单击"绘制截面"按钮。以 YC-ZC 平面为草绘平面、Y 轴为水平参考线，绘制 1 个截面，如图 2-98 所示。

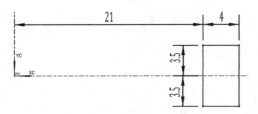

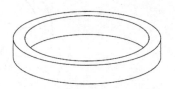

图 2-96　绘制第 1 个矩形截面　　　　图 2-97　绘制第 1 个旋转实体

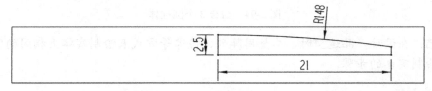

图 2-98　绘制 1 个截面

（6）单击"完成"按钮，在【旋转】对话框中，对"指定矢量"选择"ZC↑"选项。在"开始"栏中选择"值"选项，把"角度"值设为 0°；在"结束"栏中选择"值"选项，把"角度"值设为 360°；对"布尔"选择"合并"选项。单击"指定点"按钮，输入（0，0，0）。

（7）单击"确定"按钮，绘制第 2 个旋转实体，如图 2-99 所示。

（8）单击"菜单｜插入｜关联复制｜镜像特征"命令，选择第 2 个旋转实体作为需要镜像的特征，在工作区选择 XC-YC 平面作为镜像平面。单击"确定"按钮，创建镜像特征。

（9）单击"菜单｜插入｜细节特征｜边倒圆"命令，在弹出的【边倒圆】对话框中，在"横截面"栏中选择"对称"选项，把"距离"值设为 5mm。单击"确定"按钮，创建边倒圆特征，如图 2-100 所示。

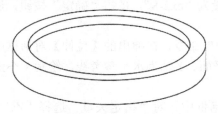

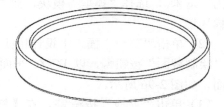

图 2-99　绘制第 2 个旋转实体　　　　图 2-100　创建边倒圆特征

提示：把创建上述特征的过程分成 4 个小步骤，比用 1 个步骤更简单。

（10）单击"菜单｜插入｜草图"命令，在弹出的【创建草图】对话框中，对"草图类型"选择"在平面上"选项、"平面方法"选择"新平面"选项；在"指定平面"栏中选择 XC-YC 平面选项，对"参考"选择"水平"选项、"指定矢量"选择 XC 轴选项；在"原点方法"栏中选择"指定点"选项。设置完毕，单击"指定点"按钮。

（11）在弹出的【点】对话框中，对"类型"选择"光标位置"选项，在 X、Y、Z

栏中输入（0，0，0），如图1-4所示。

（12）连续2次单击"确定"按钮，绘制第1个截面，如图2-101所示。

（13）单击"菜单｜插入｜基准/点｜基准平面"命令，在弹出的【基准平面】对话框中，对"类型"选择"按某一距离"选项，把"距离"值设为2mm，如图2-102所示。

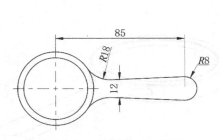

图2-101 绘制第1个截面

图2-102 把"距离"值设为2mm

（14）选择 XC-YC 平面作为参考平面，创建1个基准平面，如图2-103所示。

（15）单击"菜单｜插入｜草图"命令，以上一步骤创建的基准平面为草绘平面，绘制第2个截面，如图2-104所示。

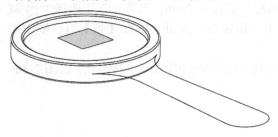

图2-103 创建1个基准平面

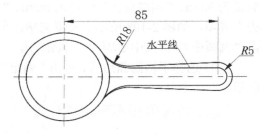

图2-104 绘制第2个截面

（16）单击"菜单｜插入｜网格曲面｜通过曲线组"命令，在工作区上方的工具条中选择"相连曲线"选项，如图2-105所示。

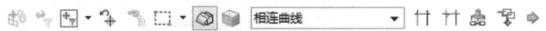

图2-105 选择"相连曲线"选项

（17）选择第2个截面作为截面曲线1，在【通过曲线组】对话框中单击"添加新集"按钮 。然后选择第2个截面作为截面曲线2（注意：两个箭头方向应一致），在【通过曲线组】对话框中勾选" 保留形状"复选框，如图2-106所示。

（18）单击"确定"按钮，创建手柄实体，如图2-107所示。

图 2-106 勾选"✓保留形状"复选框

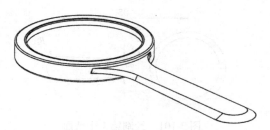

图 2-107 创建手柄实体

（19）单击"菜单｜插入｜设计特征｜圆锥"命令，在弹出的【圆锥】对话框中，对"类型"选择"直径和高度"选项、"指定矢量"选择"ZC↑"选项，把"底部直径"值设为3mm、"顶部直径"值设为6mm、"高度"值设为2mm；对"布尔"选择"减去"选项，如图 2-108 所示。设置完毕，单击"指定点"按钮。在【点】对话框中单击"圆弧中心/椭圆中心/球心"按钮。

（20）选择手柄圆弧边线，单击"确定"按钮，在手柄圆弧处创建圆锥孔，如图 2-109 所示。

图 2-108 设置【圆锥】对话框参数

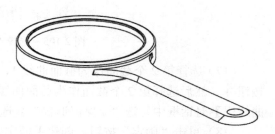

图 2-109 在手柄圆弧处创建圆锥孔

（21）单击"菜单｜插入｜关联复制｜镜像特征"命令，选择上一步骤创建的实体作为要镜像的特征，在工作区选择 *XC-YC* 平面作为镜像平面。单击"确定"按钮，创建手柄的镜像特征。

（22）单击"菜单｜插入｜组合｜合并"命令，把上述实体合并成 1 个实体。

习　　题

按本章所介绍的绘制最简单截面的方法，创建如图 2-110～图 2-113 所示的实体。

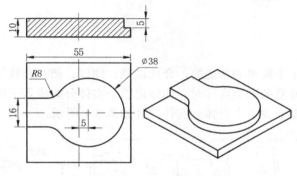

图 2-110　凸模

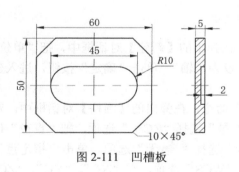

图 2-111　凹槽板

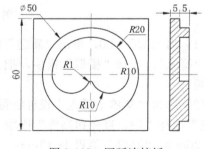

图 2-112　圆弧连接板

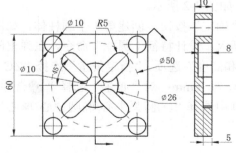

图 2-113　凹模

第3章　UG 12.0 基本特征设计

早期版本的 UG 只能创建一些简单的实体，但其基本命令很有用。本章介绍 UG 早期版本的基本命令及使用方法，如块、键槽、螺纹、槽、圆柱、圆锥、球、螺纹、孔和加强筋等基本命令。

1. 轴

本节通过创建 1 个简单的轴造型，介绍键槽、螺纹、槽、圆柱等基本命令。同时也介绍在设计形状比较复杂轴类实体时，如何把整个实体分解成若干部分，利用布尔运算进行合并，把实体整合成 1 个整体。实体尺寸如图 3-1 所示。

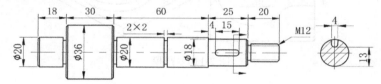

图 3-1　实体尺寸

（1）启动 UG 12.0，单击"新建"按钮 ，在弹出的【新建】对话框中，把"单位"设为"毫米"，选择"模型"模块，把"名称"设为"轴"。单击"确定"按钮，进入建模环境。

（2）单击"菜单｜插入｜设计特征｜圆柱"命令，在弹出的【圆柱】对话框中，对"类型"选择"轴、直径和高度"选项、"指定矢量"选择"ZC↑"选项，把"直径"值设为 20mm、"高度"值设为 18mm；对"布尔"选择" 无"选项。单击"指定点"按钮 ，在【点】对话框中，对"参考"选择"WCS"选项，在"XC"、"YC"、"ZC"栏中分别输入 0，0，0，如图 3-2 所示。

（3）连续 2 次单击"确定"按钮，创建第 1 个圆柱体，如图 3-3 所示。

（4）单击"菜单｜插入｜设计特征｜圆柱"命令，在弹出的【圆柱】对话框中，对"类型"选择"轴、直径和高度"选项、"指定矢量"选择"ZC↑"选项，把"直径"值设为 36mm、"高度"值设为 30mm；对"布尔"选择" 合并"选项。单击"指定点"按钮 ，在【点】对话框中选择" 圆弧中心/椭圆中心/球心"选项，选择圆柱上表面的圆心。

图 3-2　设置【圆柱】对话框参数

（5）单击"确定"按钮，创建第 2 个圆柱体。

（6）采用同样的方法，创建第 3 个圆柱体（直径为 20mm，高度为 60mm）、第 4 个圆柱体（直径为 18mm，高度为 25mm）、第 5 个圆柱体（直径为 12mm，高度为 20mm），创建 5 个圆柱体，如图 3-4 所示。

（7）单击"菜单｜插入｜基准/点｜基准平面"命令，在弹出的【基准平面】对话框中，对"类型"选择"相切"选项、"子类型"选择"1 个面"选项，如图 3-5 所示。

（8）在【基准平面】对话框中单击"选择对象"按钮 ⊕，选择直径为 17mm 的圆柱面，创建 1 个相切的基准面，如图 3-6 所示。

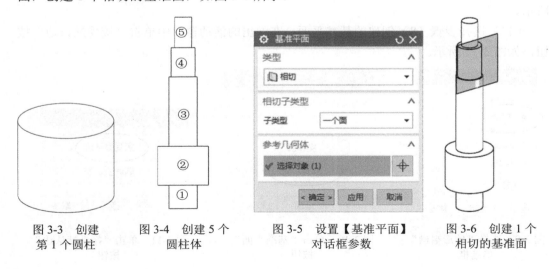

图 3-3　创建　　　图 3-4　创建 5 个　　　图 3-5　设置【基准平面】　　图 3-6　创建 1 个
第 1 个圆柱　　　　　圆柱体　　　　　　　对话框参数　　　　　　相切的基准面

（9）单击"菜单｜插入｜设计特征｜键槽"命令。如果在菜单中找不到"键槽"这个命令，请在横向菜单中右边的"命令查找器"中输入"键槽"，如图3-7所示。

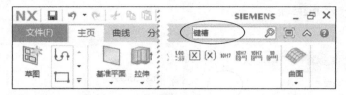

图3-7　在"命令查找器"中输入"键槽"

（10）在【命令查找器】对话框中双击"键槽（原有）"命令，如图3-8所示。

图3-8　双击"键槽（原有）"命令

（11）按 Enter 键，在【槽】对话框中选择"◉球形端槽"单选框，如图3-9所示。

（12）单击"确定"按钮，在【球形槽】对话框中单击"基准平面"按钮，如图3-10所示。

（13）选择步骤（8）创建的基准平面，在弹出的活动窗口中单击"接受默认边"按钮，如图3-11所示。

图3-9　选择"球形端槽"　　图3-10　单击"基准平面"　　图3-11　单击"接受默认边"
单选框　　　　　　　　　　　按钮　　　　　　　　　　　按钮

（14）在【水平参考】对话框中单击"基准平面"按钮，如图 3-12 所示，选择 XC-ZC 平面作为水平参考面。

（15）在【球形键槽】对话框中，把"球直径"值设为 4mm、"深度"值设为 5mm、"长度"值设为 15mm，如图 3-13 所示。

图 3-12　单击"基准平面"按钮　　　　图 3-13　设置【球形键槽】对话框参数

（16）单击"确定"按钮。在【定位】对话框中单击"垂直"按钮，如图 3-14 所示。

（17）在实体上先选择 XOY 基准平面，再选择水平参考线，图 3-15 所示。

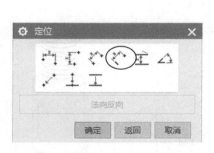

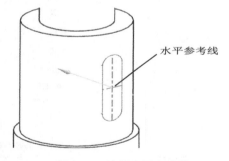

图 3-14　单击"垂直"按钮　　　　图 3-15　选择水平参考线

（18）在【创建表达式】对话框中，把值改为 120mm，如图 3-16 所示。

（19）单击"确定"按钮。在【定位】对话框中单击"线落在线上"按钮，如图 3-17 所示。

（20）在实体上先选择 ZOX 基准平面，再选择竖直参考线。

（21）连续 2 次单击"确定"按钮，创建键槽，如图 3-18 所示。

（22）单击"菜单｜插入｜设计特征｜螺纹"命令，在弹出的【螺纹切削】对话框中选择"◉详细"单选框，如图 3-19 所示。

图 3-16　把值改为 120mm

图 3-17　单击"线落在线上"按钮

（23）选择顶层圆柱面，在【螺纹切削】对话框中单击"选择起始"按钮，如图 3-19 所示。选择实体顶面。

（24）在【螺纹切削】对话框中单击"螺纹轴反向"按钮，使箭头指向实体。

（25）单击"确定"按钮，在【螺纹切削】对话框中，把"小径"值设为 10 mm、"长度"值设为 18 mm、"螺距"值设为 1.5 mm、"角度"值设为 60°，如图 3-19 所示。

（26）单击"确定"按钮，创建螺纹，如图 3-20 所示。

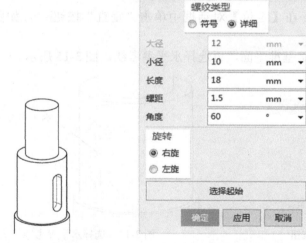

图 3-18　创建键槽　　　　图 3-19　设置【螺纹切削】
　　　　　　　　　　　　　　　　对话框参数

图 3-20　创建螺纹

（27）单击"菜单｜插入｜设计特征｜槽"命令，在弹出的【槽】对话框中单击"矩形"按钮，如图 3-21 所示。

（28）选择第 1 个圆柱体的圆柱面（底层圆柱体的圆柱面）。

（29）在【矩形槽】对话框中，把"槽直径"值设为 16mm、"宽度"值设为 2mm，如图 3-22 所示。

图 3-21　单击"矩形"按钮

图 3-22　设置【矩形槽】对话框参数

（30）单击"确定"按钮，按住鼠标中键，调整实体的摆放方向。然后先选择实体的边线，再选择圆饼的边线，如图 3-23 所示。

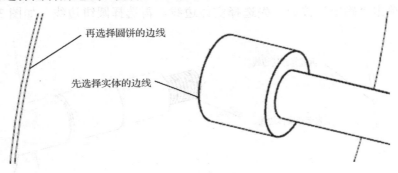

再选择圆饼的边线

先选择实体的边线

图 3-23　选择边线的顺序

（31）在【创建表达式】对话框中输入 0mm，如图 3-24 所示。

图 3-24　在【创建表达式】对话框中输入 0mm

（32）单击"确定"按钮，创建 1 个矩形槽，如图 3-25 所示。

（33）单击"菜单 | 插入 | 关联复制 | 阵列特征"命令，在弹出的【阵列特征】对话框中，对"布局"选择"线性"图标 ⊞、"指定矢量"选择"ZC↑"选项。在"间距"栏中选择"数量和间隔"选项，把"数量"值设为 3、"节距"值设为 32mm；取消"使用方向 2"复选框中的"√"。在实体上选择矩形槽，把它作为需要阵列的对象。

（34）单击"确定"按钮，创建阵列特征，如图 3-26 所示。

提示：如果不能创建阵列特征，请在"部件导航器中"双击"圆柱（2）"和"圆柱（3）"选项，在【圆柱】对话框中，对"布尔"选择" 合并"选项。

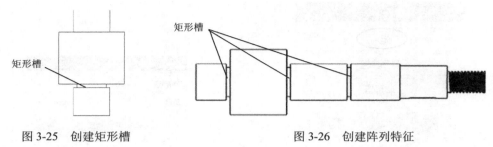

图 3-25　创建矩形槽　　　　　　　图 3-26　创建阵列特征

（35）单击"菜单｜插入｜设计特征｜槽"命令，在弹出的【槽】对话框中单击"矩形"按钮，在实体上选择螺纹表面作为槽的放置面。

（36）在【矩形槽】对话框中，把"槽直径"值设为 10mm、"宽度"值设为 2mm。

（37）单击"确定"按钮，先选择实体边线，再选择圆饼边线，如图 3-27 所示。

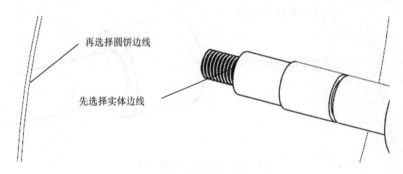

图 3-27　选择边线的顺序

（38）在【创建表达式】的文本框中输入 0。

（39）单击"确定"按钮，创建 1 个槽特征，如图 3-28 所示。

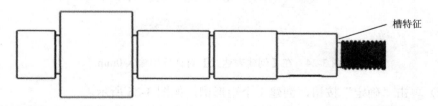

图 3-28　创建 1 个槽特征

（40）单击"菜单｜插入｜细节特征｜倒斜角"命令，在弹出的【倒斜角】对话框中，对"横截面"选择"对称"选项，把"距离"值设为 0.2mm。

（41）在工作区上方的辅助工具条中选择"单个曲面"选项，在螺纹的端面选择需要倒斜角的边线。

（42）单击"确定"按钮，生成倒斜角特征，如图 3-29 所示。

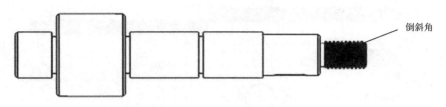

图 3-29　创建倒斜角特征

（43）按住键盘上的 **Ctrl+W** 组合键，在【显示和隐藏】对话框中单击"坐标系"与"基准平面"对应的"—"符号，即可隐藏坐标系和基准平面。

（44）单击"保存"按钮，保存文档。

2. 连接管

本节通过创建 1 个简单的实体造型，介绍长方体、圆柱、圆锥、孔等特征命令的使用。产品结构图如图 3-30 所示。

（1）启动 UG 12.0，单击"新建"按钮，在弹出的【新建】对话框中，把"单位"设为"毫米"，选择"模型"模块，把"名称"设为"连接管.prt"。单击"确定"按钮，进入建模环境。

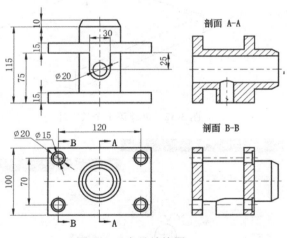

图 3-30　产品结构图

（2）单击"菜单｜插入｜设计特征｜长方体"命令，在弹出的【长方体】对话框中，对"类型"选择"原点和边长"选项，把 *XC*、*YC*、*ZC* 值分别设为 150mm、100mm、15mm。单击"指定点"按钮，在【点】对话框中输入（–75，–50，0），如图 3-31 所示。

（3）单击"确定"按钮，以左下角为基准点创建第 1 个长方体，如图 3-32 所示。

（4）单击"菜单｜插入｜设计特征｜圆柱"命令，在弹出的【圆柱】对话框中，对"类型"选择"轴、直径和高度"选项、"指定矢量"选择"ZC↑"选项，把"直径"值设为 60mm、"高度"值设为 100mm；对"布尔"选择"合并"选项。单击"指定点"按钮，在【点】对话框中输入（0，0，15），如图 3-33 所示。

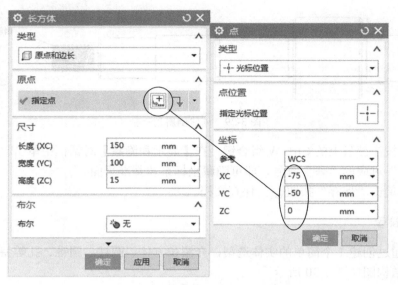

图 3-31　设置【长方体】对话框参数

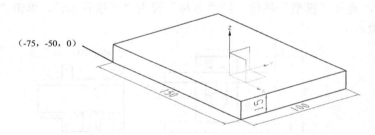

图 3-32　创建第 1 个长方体

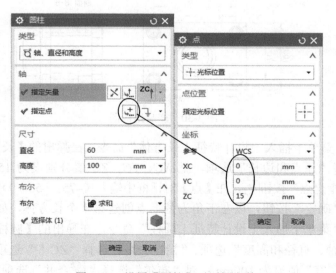

图 3-33　设置【圆柱】对话框参数

（5）单击"确定"按钮，创建圆柱特征，如图 3-34 所示。

（6）单击"菜单 | 插入 | 设计特征 | 长方体"命令，在弹出的【长方体】对话框中，对"类型"选择"原点和边长"选项，把 *XC*、*YC*、*ZC* 值分别为 150mm、100mm、15mm，单击"指定点"按钮⊞，在【点】对话框中输入（–75，–50，75）。

（7）单击"确定"按钮，创建第 2 个长方体，如图 3-35 所示。

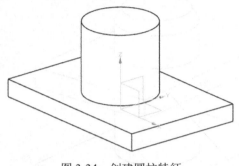
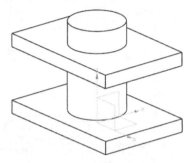

图 3-34　创建圆柱特征　　　　　　　　　　图 3-35　创建第 2 个长方体

（8）单击"⊞合并"按钮，合并长方体和圆柱体。

（9）单击"菜单 | 插入 | 设计特征 | 圆锥"命令，在弹出的【圆锥】对话框中，对"类型"选择"直径和高度"选项、"指定矢量"选择"ZC↑"选项，把"底部直径"值设为 60mm、"顶部直径"值设为 50mm、"高度"值设为 10mm；对"布尔"选择"⊞合并"，如图 3-36 所示。

（10）对"指定点"选择"圆弧中心/椭圆中心/球心"图标◉，选择圆柱上表面的圆心。单击"确定"按钮，创建圆锥体，如图 3-37 所示。

（11）单击"菜单 | 插入 | 设计特征 | 拉伸"命令，在弹出的【拉伸】对话框中单击"绘制截面"按钮▨，以 *XC-ZC* 平面为草绘平面、*X* 轴为水平参考线，绘制如图 3-38 所示的截面（30mm×40mm）。

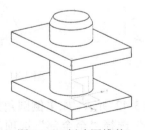
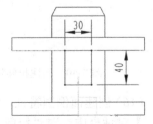

图 3-36　设置【圆锥】对话框参数　　图 3-37　创建圆锥体　　图 3-38　绘制截面

（12）单击"完成"按钮 ，在弹出的【拉伸】对话框中选择"-YC↓"选项。在"开始"栏中选择"值"选项，把"距离"值设为 0mm；在"结束"栏中选择"直至延伸部分"选项；对"布尔"选择"合并"，选择实体的侧面，如图 3-39 所示。

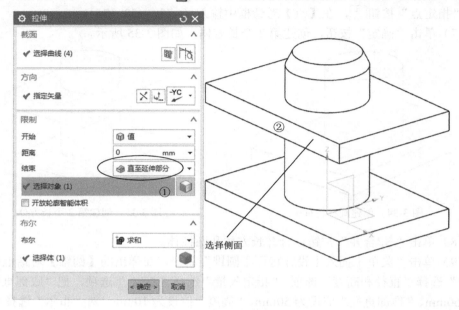

图 3-39　选择实体的侧面

（13）单击"确定"按钮，创建拉伸特征，如图 3-40 所示。

（14）单击"菜单 | 插入 | 细节特征 | 面倒圆"命令，在弹出的【面倒圆】对话框中选择"三面"选项，在"修剪"区域，对"修剪圆角"选择"至全部"选项。

（15）在工作区上方的辅助工具条中选择"单个面"选项，选择 3 个面。注意：箭头方向朝向同一区域，如图 3-41 所示。

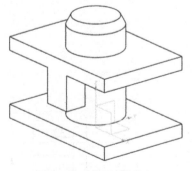

图 3-40　创建拉伸特征

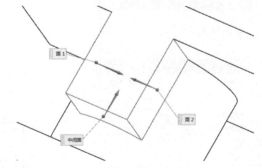

图 3-41　3 个面的箭头方向朝向同一区域

（16）创建面倒圆特征，如图 3-42 所示。如果倒圆角的效果与图 3-42 不同，可在【面倒圆】对话框中，对"修剪圆角"选择"至全部"选项。

（17）单击"菜单｜插入｜设计特征｜孔"命令，在弹出的【孔】对话框中单击"绘制截面"按钮。选择上面的长方体上表面作为草绘平面，把 X 轴作为水平参考线，绘制 4 个点，如图 3-43 所示。

（18）单击"完成"按钮。在【孔】对话框中，对"类型"选择"常规孔"选项，在"孔方向"栏中选择"垂直于面"选项，在"成形"栏中选择"沉头"选项，把"沉头直径"值设为 20mm、"沉头深度"值设为 3mm、"直径"值设为 15mm。在"深度限制"栏中选择"贯通体"选项，对"布尔"选择"减去"选项。

（19）单击"确定"按钮，创建 4 个沉头孔，如图 3-44 所示。

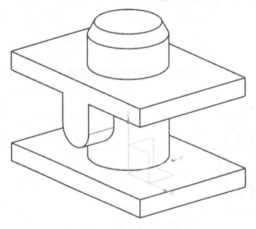

图 3-42　创建面倒圆特征

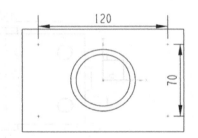

图 3-43　绘制 4 个点

（20）单击"菜单｜插入｜设计特征｜圆柱"命令，在弹出的【圆柱】对话框中，对"类型"选择"轴、直径和高度"选项，对"指定矢量"选择"ZC↑"选项，把"直径"值设为 40mm、"高度"值设为 150mm；对"布尔"选择"减去"选项。设置完毕，单击"指定点"按钮，在【点】对话框中输入（0，0，0）。

（21）单击"确定"按钮，在实体圆柱的中心位置创建圆孔特征，如图 3-44 所示。

（22）单击"菜单｜插入｜设计特征｜圆柱"命令，在弹出的【圆柱】对话框中，对"类型"选择"轴、直径和高度"选项、"指定矢量"选择"YC↑"选项，把"直径"值设为 20mm、"高度"值设为 50mm；对"布尔"选择"减去"选项、"指定点"选择"圆弧中心/椭圆中心/球心"图标，选择侧面倒圆角的圆心。

（23）单击"确定"按钮，创建侧面圆孔特征，如图 3-45 所示。

（24）单击"保存"按钮，保存文档。

3. 箱体

本节通过创建 1 个简单的箱体造型，介绍长方体、腔体、凸起、垫块等特征命令的使用。产品尺寸如图 3-46 所示。

（1）启动 UG 12.0，单击"新建"按钮，在弹出的【新建】对话框中，把"单位"

设为"毫米",选择"模型"模块,把"名称"设为"箱体.prt"。单击"确定"按钮,进入建模环境。

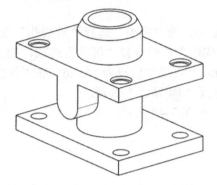

图 3-44　创建 4 个沉头孔和中心位置的圆孔特征

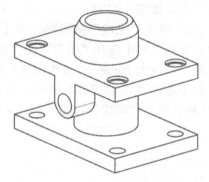

图 3-45　创建侧面圆孔特征

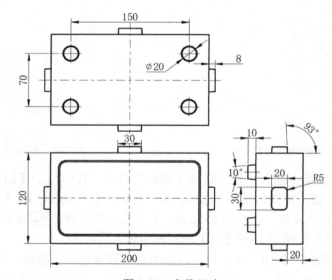

图 3-46　产品尺寸

（2）单击"菜单│插入│设计特征│长方体"命令,在弹出的【长方体】对话框中,对"类型"选择"原点和边长"选项,把 *XC*、*YC*、*ZC* 值分别设为 200mm、120mm、60mm。单击"指定点"按钮，在【点】对话框中输入（-100，-60，0）。

（3）单击"确定"按钮,创建 1 个长方体,如图 3-47 所示。

（4）单击"菜单│插入│设计特征│腔"命令（如果没有找到"腔"这个命令,请在横向菜单中右边的"命令查找器"中输入"腔",参考图 3-7）,在【命令查找器】对话框中双击"腔（原有）"命令,参考图 3-8。

（5）在【腔】对话框中单击"矩形"按钮,如图 3-48 所示。在弹出的【矩形腔】对话框中单击"实体面"按钮,如图 3-49 所示,选择实体的上表面。

（6）在【水平参考】对话框中单击"基准平面"按钮，如图 3-50 所示，选择 *XC-ZC* 平面。

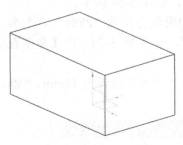

图 3-47　创建长方体

图 3-48　单击"矩形"按钮

图 3-49　单击"实体面"按钮

（7）在【矩形腔】对话框中，把"长度"值设为 180mm、"宽度"值设为 100mm、"深度"值设为 50mm、"角半径"值设为 10mm、"底面半径"值设为 5mm、"锥角"值设为 2°，如图 3-51 所示。

图 3-50　单击"基准平面"按钮

图 3-51　设置【矩形腔】对话框参数

（8）单击"确定"按钮。在【定位】对话框中单击"线落在线上"按钮，如图 3-52 所示。

（9）先选择 *XC-ZC* 平面，再选择参考线，如图 3-53 所示。

图 3-52　单击"线落在线上"按钮

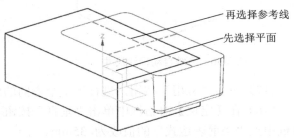

图 3-53　先选择平面再选参考线

（10）在【定位】对话框中单击"线落在线上"按钮▣，先选择 *YC-ZC* 平面，再选另一方向的参考线。

（11）单击"确定"按钮，在长方体中间创建 1 个腔体，如图 3-54 所示。

（12）单击"菜单｜插入｜设计特征｜凸台"命令（如果没有找到"凸台"这个命令，请在横向菜单中右边的"命令查找器"中输入"凸台"，参考图 3-7），在【命令查找器】对话框中双击"凸台（原有）"命令，参考图 3-8。

（13）在【支管】对话框中，把"直径"值设为 20mm、"高度"值设为 10mm、"锥角"值设为 5°，如图 3-55 所示。

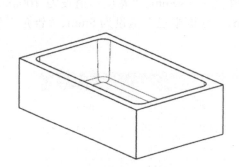

图 3-54　创建 1 个腔体

图 3-55　设置【支管】对话框参数

（14）选择实体的下底面，创建 1 个暂时的凸台特征。

（15）单击"确定"按钮，在【定位】对话框中单击"垂直"按钮▨，选择 *YC-ZC* 平面，系统自动标注凸台中心到 *YC-ZC* 平面的尺寸，如图 3-56 所示。

（16）在【定位】对话框中把"当前表达式"的值改为 75mm，如图 3-57 所示。

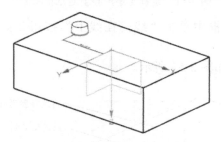

图 3-56　系统自动标注尺寸

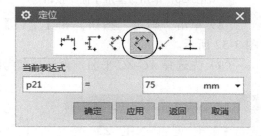

图 3-57　修改"当前表达式"的值

（17）单击"应用"按钮，进行下 1 个方向的定位。

（18）在【定位】对话框中单击"垂直"按钮▨，选择 *XC-ZC* 平面，在【定位】对话框中把"当前表达式"的值改为–35mm。

（19）单击"确定"按钮，创建第 1 个凸台。

（20）按同样的方法，创建其余 3 个凸台。4 个凸台如图 3-58 所示。

提示： 如果所创建的凸台在同一位置，可把"当前表达式"的数值改为负值。

（21）单击"菜单｜插入｜设计特征｜垫块"命令（如果没有找到"垫块"这个命令，请在横向菜单中右边的"命令查找器"中输入"垫块"，参考图 3-7），在【命令查找器】对话框中双击"垫块（原有）"命令，参考图 3-8。

（22）在【垫块】对话框中单击"矩形"按钮，如图 3-59 所示。

（23）在【矩形垫块】对话框中单击"实体面"按钮，如图 3-60 所示。

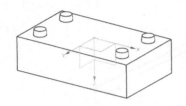

图 3-58　4 个凸台　　　　图 3-59　单击"矩形"按钮　　图 3-60　单击"实体面"按钮

（24）选择实体的前端面，如图 3-61 所示。

（25）在【水平参考】对话框中单击"基准平面"按钮，选择实体的下底面。

（26）在【矩形垫块】对话框中，把"长度"值设为 30mm、"宽度"值设为 20mm、"宽度"值设为 8mm、"拐角半径"值设为 5mm、"锥角"值设为 3°，如图 3-62 所示。

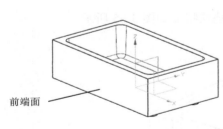

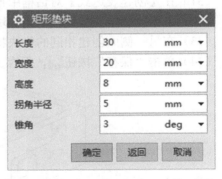

图 3-61　选择实体的前端面　　　　图 3-62　设置【矩形垫块】对话框参数

（27）单击"确定"按钮，在【定位】对话框中单击"垂直"按钮。

（28）先选择实体的边线，再选择垫块的边线，如图 3-63 所示。

（29）在【创建表达式】对话框中把"距离"值改为 20mm，单击"应用"按钮。

（30）在【定位】对话框中单击"垂直"按钮，先选择实体的边线，再选择垫块的边线，如图 3-64 所示。

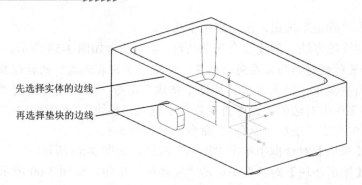

图 3-63　步骤（28）的选择顺序

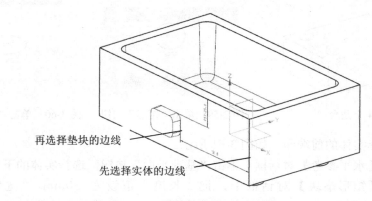

图 3-64　步骤（30）的选择顺序

（31）在【创建表达式】对话框中把"距离"改为 85mm。

（32）单击"确定"按钮，创建垫块特征。

（33）在另一侧面创建相同的垫块特征。两个垫块特征如图 3-65 所示。

（34）单击"保存"按钮 ，保存文档。

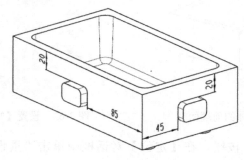

图 3-65　两个垫块特征

4. 连杆

本节通过创建 1 个简单的连杆造型，介绍球、圆柱、圆锥、孔等特征命令的使用。产品结构如图 3-66 所示。

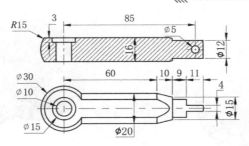

图 3-66　产品结构图

（1）启动 UG 12.0，单击"新建"按钮 ，在弹出的【新建】对话框中，把"单位"设为"毫米"，选择"模型"模块，把"名称"设为"连杆.prt"。单击"确定"按钮，进入建模环境。

（2）单击"菜单｜插入｜设计特征｜球"命令，在【球】对话框中，对"类型"选择"中心点和直径"选项，把"直径"值设为 30mm；对"布尔"选择" 无"选项。单击"指定点"按钮 ，在【点】对话框中，对"参考"选择"绝对-工件部件"选项，输入（0，0，0），如图 3-67 所示。

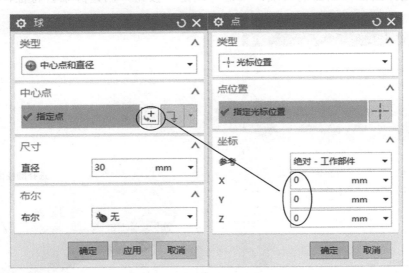

图 3-67　设置【球】对话框参数

（3）单击"确定"按钮，创建 1 个球体特征，如图 3-68 所示。

（4）单击"菜单｜插入｜设计特征｜圆柱"命令，在弹出的【圆柱】对话框中，对"类型"选择"轴、直径和高度"选项、"指定矢量"选择"XC↑"选项，把"直径"值设为 20mm、"高度"值设为 60mm；对"布尔"选择" 合并"选项。单击"指定点"按钮 ，在【点】对话框中，对"参考"选择"WCS"选项，输入（0，0，0）。

（5）单击"确定"按钮，创建 1 个圆柱体特征，如图 3-69 所示。

图 3-68　创建 1 个球体特征

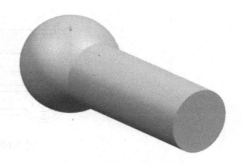

图 3-69　创建 1 个圆柱体特征

（6）单击"菜单｜插入｜设计特征｜圆锥"命令，在弹出的【圆锥】对话框中，对"类型"选择"直径和高度"选项、"指定矢量"选择"XC↑"选项，把"底部直径"值设为 20mm、"顶部直径"值设为 15mm、"高度"值设为 10mm；对"布尔"选择" 合并"选项。单击"指定点"按钮 。在【点】对话框中单击"圆弧中心/椭圆中心/球心"按钮 ，如图 3-70 所示。

（7）选择圆柱体端面的边线，单击"确定"按钮，创建圆锥台特征，如图 3-71 所示。

图 3-70　设置【圆锥】对话框参数

选择圆柱体端面的边线

图 3-71　创建圆锥台特征

（8）单击"菜单｜插入｜设计特征｜凸台"命令，在【支管】对话框中，把"直径"值设为 12mm、"高度"值设为 20mm、"锥角"值设为 0°，如图 3-72 所示。

（9）选择圆锥台端面，创建 1 个暂时的凸台特征。

（10）单击【支管】对话框中的"应用"按钮，在【定位】对话框中单击"点落在点上"按钮 ，如图 3-73 所示。

图 3-72　设置【支管】对话框参数

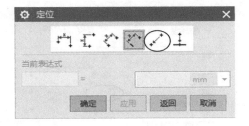

图 3-73　单击 "点落在点上" 按钮 ✍

（11）选择圆锥台端面的边线，如图 3-74 所示。

（12）在【设置圆弧的位置】对话框中单击 "圆弧中心" 按钮，如图 3-75 所示。

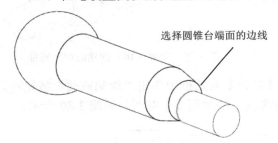

选择圆锥台端面的边线

图 3-74　选择圆锥台端面的边线

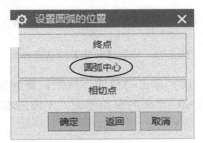

图 3-75　单击 "圆弧中心" 按钮

（13）单击 "确定" 按钮，凸台中心与圆柱体中心对齐，如图 3-76 所示。

（14）单击 "拉伸" 按钮 ⬚，在弹出的【拉伸】对话框中单击 "绘制截面" 按钮⬚。以 *XC-YC* 平面为草绘平面、*X* 轴为水平参考线，绘制第 1 个截面，如图 3-77 所示。

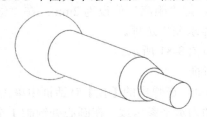

图 3-76　凸台中心与圆柱体中心对齐

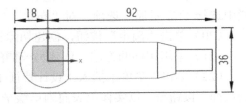

图 3-77　绘制第 1 个截面

（15）单击 "完成 " 按钮 ⬚，在弹出的【拉伸】对话框中，对 "指定矢量" 选择 "ZC↑" 选项。在 "开始" 栏中选择 "值" 选项，把 "距离" 值设为 8mm；在 "结束" 栏中选择 "⬚贯通" 选项；对 "布尔" 选择 "⬚求差" 选项，如图 3-78 所示。

（16）单击"确定"按钮，创建切除特征，如图 3-79 所示。

（17）采用相同的方法，创建另一侧的切除特征。

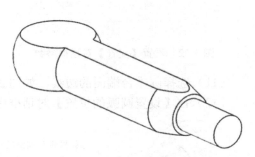

图 3-78　设置【拉伸】对话框参数　　　　图 3-79　步骤（16）创建的切除特征

（18）单击"拉伸"按钮，在弹出的【拉伸】对话框中单击"绘制截面"按钮。以 *XC-ZC* 平面为草绘平面、*X* 轴为水平参考线，绘制第 2 个截面，如图 3-80 所示。

图 3-80　绘制第 2 个截面

（19）单击"完成"按钮，在弹出的【拉伸】对话框中，对"指定矢量"选择"YC↑"选项。在"开始"栏中选择"值"选项，把"距离"值设为 2mm；在"结束"栏中选择"贯通"选项；对"布尔"选择"求差"选项。

（20）单击"确定"按钮，创建切除特征，如图 3-81 所示。

（21）采用相同的方法，创建另一侧的切除特征。

（22）单击"菜单｜插入｜设计特征｜孔"命令，在弹出的【孔】对话框中单击"绘制截面"按钮。以实体上表面为草绘平面、*X* 轴为水平参考线，在圆心处绘制 1 个点。

（23）单击"完成"按钮，在【孔】对话框中，对"类型"选择"常规孔"选项，在"孔方向"栏中选择"垂直于面"选项，在"成形"栏中选择"沉头"选项，把"沉头直径"值设为 15mm、"沉头深度"值设为 3mm、"直径"值设为 10mm；在"深度限制"栏中选择"贯通体"选项，对"布尔"选择"求差"选项。

（24）单击"确定"按钮，创建沉头孔，如图 3-82 所示。

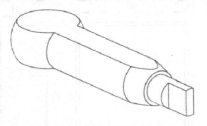

图 3-81　步骤（20）创建的切除特征

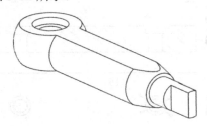

图 3-82　创建沉头孔

（25）单击"菜单 | 插入 | 设计特征 | 孔"命令，在弹出的【孔】对话框中单击"绘制截面"按钮，以实体的侧面为草绘平面、X 轴为水平参考线，绘制 1 个点，如图 3-83 所示。

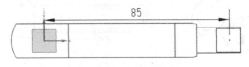

图 3-83　绘制 1 个点

（26）单击"完成"按钮，在【孔】对话框中，对"类型"选择"常规孔"选项，在"孔方向"栏中选择"垂直于面"选项，在"成形"栏中选择"简单孔"选项，把"直径"值设为 5mm，在"深度限制"栏中选择" 贯通体"选项；对"布尔"选择" 减去"选项。

（27）单击"确定"按钮，创建孔特征，如图 3-84 所示。

（28）单击"保存"按钮，保存文档。

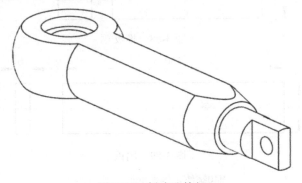

图 3-84　创建孔特征

习　题

试完成图 3-85～图 3-91 所示的产品造型设计：

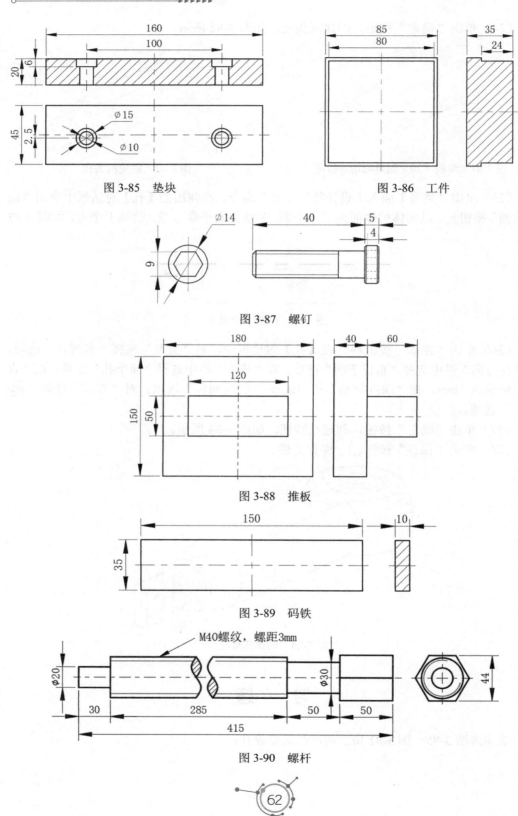

图 3-85　垫块

图 3-86　工件

图 3-87　螺钉

图 3-88　推板

图 3-89　码铁

M40螺纹，螺距3mm

图 3-90　螺杆

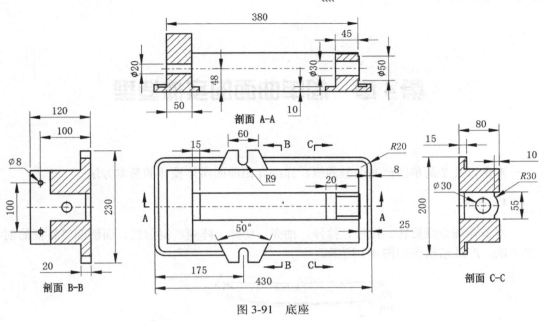

图 3-91　底座

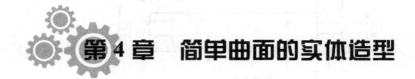

第4章　简单曲面的实体造型

本章以几个简单的产品造型为例，详细介绍曲面实体设计的基本方法。

1. 果盘

本节详细介绍旋转、拔模、拉伸、抽壳、切除、阵列、倒圆角、面倒圆等特征的创建方法。产品结构图如图 4-1 所示。

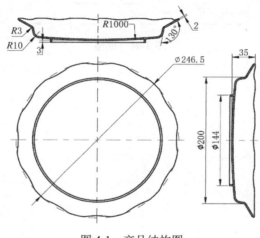

图 4-1　产品结构图

（1）启动 UG 12.0，单击"新建"按钮 ，在弹出的【新建】对话框中，把"单位"设为"毫米"，选择"模型"模块，把"名称"设为"果盘.prt"。

（2）单击"确定"按钮，进入建模环境。

（3）单击"菜单｜插入｜设计特征｜旋转"命令，在弹出的【旋转】对话框中单击"绘制截面"按钮 ，以 XC-ZC 平面为草绘平面、X 轴为水平参考线，绘制 1 个截面，如图 4-2 所示。其中圆弧的圆心在 Y 轴上，圆弧的顶点与原点重合。

提示： 如果视图的方向与图 4-2 中的视图方向不一致，请在【拉伸】对话框中的"指定矢量"一栏单击"反向"按钮 ，使 XC-ZC 平面的法向指向 Y 轴的负方向，就可以改变视图方向。

（4）单击"完成"按钮 ，在【旋转】对话框中，对"指定矢量"选择"ZC↑"选项。在"开始"栏中选择"值"选项，把"角度"值设为 0°；在"结束"栏中选择

"值"选项，把"角度"值设为360°；对"布尔"选择"⬛无"选项。单击"指定点"按钮⬛，输入（0，0，0）。

（5）单击"确定"按钮，绘制旋转实体，如图4-3所示。

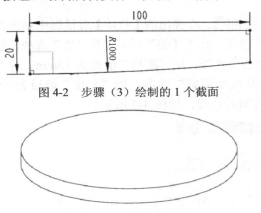

图4-2 步骤（3）绘制的1个截面

图4-3 绘制旋转实体

（6）单击"菜单｜插入｜细节特征｜拔模"命令，在弹出的【拔模】对话框中，对"类型"选择"面"选项。在"脱模方向"栏中选择"ZC↑"选项，在"拔模方法"栏中选择"固定面"选项；选择实体上表面作为固定面，选择侧面作为"要拔模的面"，把"角度"值设为-10°，如图4-4所示。

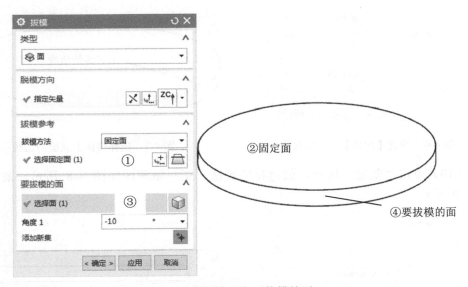

图4-4 选择固定面与要拔模的面

（7）单击"确定"按钮，创建拔模特征。切换成前视图（见图4-5）后，可以看出，实体的上部大下部小。若实体的上部小下部大，则可在【拔模】对话框中把"角度"值改为10°。

上部大下部小

图 4-5　步骤（7）前视图

（8）单击"拉伸"按钮，在弹出的【拉伸】对话框中单击"曲线"按钮，对"指定矢量"选择"ZC↑"选项。在"开始"栏中选择"值"选项，把"距离"值设为0mm；在"结束"栏中选择"值"选项，把"距离"值设为15mm；对"布尔"选择"求和"选项、"拔模"选择"从起始限制"选项，把"角度"值设为-60°，如图4-6所示。

（9）选择实体上表面的边线，如图4-7所示。

上表面的边线

图 4-6　设置【拉伸】对话框参数　　　　图 4-7　选择实体上表面的边线

（10）单击"确定"按钮，创建拉伸特征。正三轴测图如图 4-8 所示，前视图如图 4-9 所示。

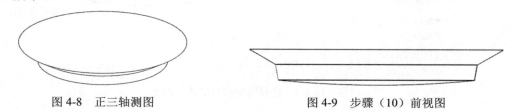

图 4-8　正三轴测图　　　　　　　图 4-9　步骤（10）前视图

（11）单击"边倒圆"按钮，创建边倒圆特征，半径尺寸标注分别为 R3mm 和 R10mm，如图 4-10 所示。

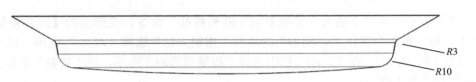

图 4-10 创建边倒圆特征

（12）单击"抽壳"按钮，在弹出的【抽壳】对话框中，对"类型"选择"移除面，然后抽壳"选项，把"厚度"值设为 2mm，选择实体上表面作为可移除面，创建抽壳特征如图 4-11 所示。

（13）单击"拉伸"按钮，在弹出的【拉伸】对话框中单击"绘制截面"按钮。以 XC-ZC 平面为草绘平面、X 轴为水平参考线，绘制 1 个截面，如图 4-12 所示。

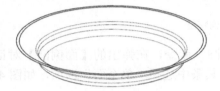

图 4-11 创建抽壳特征

图 4-12 步骤（13）绘制的 1 个截面

（14）单击"完成"按钮，在弹出的【拉伸】对话框中，对"指定矢量"选择"YC↑"选项。在"开始"栏中选择"值"选项，把"距离"值设为 0mm；在"结束"栏中选择"贯通"选项；对"布尔"选择"减去"选项，对"拔模"选择"无"选项。

（15）单击"确定"按钮，创建切除特征，如图 4-13 所示。

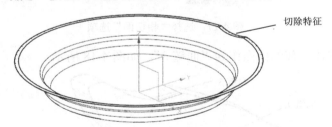

图 4-13 创建切除特征

（16）单击"边倒圆"按钮，创建边倒圆特征，半径为 30mm，如图 4-14 所示。

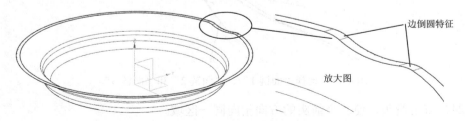

图 4-14 创建边倒圆特征

（17）单击"菜单｜插入｜关联复制｜阵列特征"命令，在弹出的【阵列特征】对话框中，对"布局"选择"⬡圆形"选项和"指定矢量"选择"ZC↑"选项。把"指定点"设为（0，0，0），在"间距"栏中选择"数量和跨距"选项，把"数量"值设为12、"跨角"值设为360°。

（18）按住 Ctrl 键，在"部件导航器"中选择☑ ▥ 拉伸 (7)选项和☑ ◻ 边倒圆 (8)选项。

（19）单击"确定"按钮，创建阵列特征，如图4-15所示。

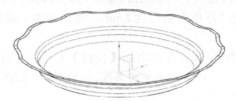

图4-15　创建阵列特征

（20）单击"菜单｜插入｜细节特征｜面倒圆"命令，在弹出的【面倒圆】对话框中选择"三面"选项。然后，在工作区上方的工具条中选择"单个面"选项，如图4-16所示。

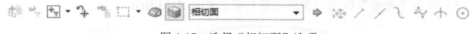

图4-16　选择"单个面"选项

（21）选择实体的内部曲面作为"面链1"，选择实体的外部曲面作为"面链2"。

（22）在工作区上方的工具条中选择"相切面"选项，如图4-17所示。

图4-17　选择"相切面"选项

（23）选择实体口部的曲面作为"面链3"，如图4-18所示。

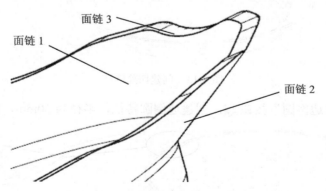

图4-18　选择"面链1"、"面链2"和"面链3"

（24）双击箭头，使3个箭头的方向指向同一区域。

（25）单击"确定"按钮，创建面倒圆特征，如图4-19所示。

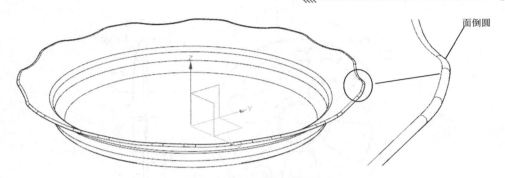

面倒圆

图 4-19　创建面倒圆特征

（26）单击"菜单｜插入｜设计特征｜旋转"命令，在弹出的【旋转】对话框中单击"绘制截面"按钮🔲。以 *XC-ZC* 平面为草绘平面、*X* 轴为水平参考线，绘制矩形截面（2mm×7mm），如图 4-20 所示。

图 4-20　绘制矩形截面

（27）单击"完成"按钮🏁，在【旋转】对话框中，对"指定矢量"选择"ZC↑"选项。在"开始"栏中选择"值"选项，把"角度"值设为 0°；在"结束"栏中选择"值"选项，把"角度"值设为 360°；对"布尔"选择"🔧求和"选项。单击"指定点"按钮⊕，输入（0，0，0）。

（28）单击"确定"按钮，绘制旋转实体，如图 4-21 所示。

图 4-21　绘制旋转实体

（29）单击"保存"按钮💾，保存文档。

2. 轮

本节详细介绍旋转、拔模、拉伸、抽壳、切除、阵列、倒圆角、面倒圆等特征的创建方法。产品结构图如图 4-22 所示。

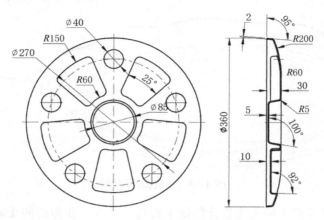

图 4-22　产品结构图

（1）启动 UG 12.0，单击"新建"按钮，在弹出的【新建】对话框中，把"单位"设为"毫米"，选择"模型"模块，把"名称"设为"轮.prt"，对"文件夹"路径选择"D:\"。

（2）单击"确定"按钮，进入建模环境。

（3）单击"菜单｜插入｜设计特征｜旋转"命令，在弹出的【旋转】对话框中单击"绘制截面"按钮，以 *XC-ZC* 平面为草绘平面，单击反向按钮，使箭头朝向 *Y* 轴的负方向。以 *X* 轴为水平参考线，绘制 1 个截面，如图 4-23 所示。其中，圆弧与水平线相切。

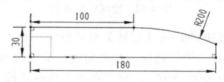

图 4-23　步骤（3）绘制的 1 个截面

（4）单击"完成"按钮，在【旋转】对话框中，对"指定矢量"选择"ZC↑"选项。单击"指定点"按钮，输入（0，0，0），在"开始"栏中选择"值"选项，把"角度"值设为 0°；在"结束"栏中选择"值"选项，把"角度"值设为 360°；对"布尔"选择"无"选项。

（5）单击"确定"按钮，绘制旋转实体，如图 4-24 所示。

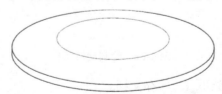

图 4-24　绘制旋转实体

（6）单击"菜单｜插入｜细节特征｜拔模"命令，在弹出的【拔模】对话框中，对"类型"选择"面"选项。在"脱模方向"栏中选择"ZC↑"选项，在"拔模方法"栏中选择"固定面"选项。选择实体的下表面作为固定面，选择侧面作为"要拔模的面"，把"角度"值设为 5°。

（7）单击"确定"按钮，创建拔模特征，切换成前视图后，实体的下部大上部小，如图 4-25 所示。

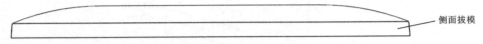

图 4-25　创建拔模特征

（8）单击"拉伸"按钮，在弹出的【拉伸】对话框中单击"绘制截面"按钮。以 *XC-YC* 平面为草绘平面、*X* 轴为水平参考线，绘制 1 个截面。其中内圆弧半径为 60mm，外圆弧半径为 150mm，两条圆弧的圆心为原点，两条斜线关于 *X* 轴对称并且夹角为 25°，如图 4-26 所示。

图 4-26　步骤（8）绘制的 1 个截面

（9）单击"完成"按钮，在弹出的【拉伸】对话框中，对"指定矢量"选择"ZC↑"选项。在"开始"栏中选择"值"选项，把"距离"值设为 10mm；在"结束"栏中选择"贯通"选项；对"布尔"选择"求差"选项、"拔模"选择"从起始限制"选项，把"角度"值设为-2°，如图 4-27 所示。

（10）单击"确定"按钮，创建切除特征（口部大底部小），如图 4-28 所示。

图 4-27　设置【拉伸】对话框参数

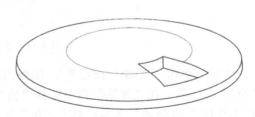

图 4-28　步骤（10）创建的切除特征

（11）单击"边倒圆"按钮 ，创建第 1 个边倒圆特征（R10mm）。

（12）单击"边倒圆"按钮 ，创建第 2 个边倒圆特征（R3mm），如图 4-29 所示。

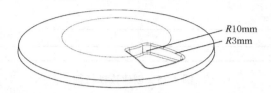

图 4-29　步骤（11）和步骤（12）创建的边倒圆特征

（13）单击"菜单｜插入｜关联复制｜阵列特征"命令，在弹出的【阵列特征】对话框中，对"布局"选择" 圆形"选项、"指定矢量"选择"ZC↑"选项。把"指定点"设为（0，0，0），在"间距"栏中选择"数量和间隔"选项，把"数量"值设为 5、"节距角"值设为 360/5。

（14）按住 Ctrl 键，在"部件导航器"中选择 拉伸 (3)选项、 边倒圆 (4)选项和 边倒圆 (5)选项。

（15）单击"确定"按钮，创建阵列特征，如图 4-30 所示。

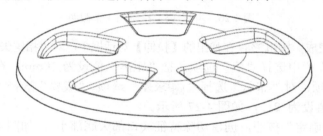

图 4-30　步骤（15）创建的阵列特征

（16）单击"拉伸"按钮 ，在弹出的【拉伸】对话框中单击"绘制截面"按钮 。以 XC-YC 平面为草绘平面、X 轴为水平参考线，以原点为圆心，绘制 1 个圆形截面，如图 4-31 所示。

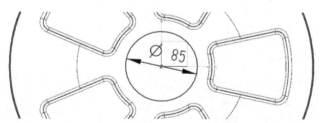

图 4-31　绘制 1 个圆形截面

（17）单击"完成"按钮 ，在弹出的【拉伸】对话框中，对"指定矢量"选择"ZC↑"选项。在"开始"栏中选择"值"选项，把"距离"值设为 5mm；在"结束"栏中选择" 贯通"选项；对"布尔"选择" 求差"选项、"拔模"选择"从起始限制"选项，把"角度"值设为-10°。

（18）单击"确定"按钮，创建切除特征（口部大底部小），如图 4-32 所示。

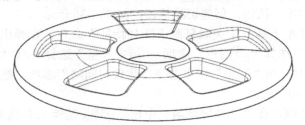

图 4-32　步骤（18）创建的切除特征

（19）单击"边倒圆"按钮，创建边倒圆特征 *R*3mm，如图 4-33 所示。

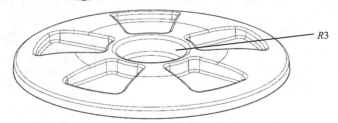

图 4-33　步骤（19）创建的边倒圆特征

（20）单击"抽壳"按钮，在【抽壳】对话框中，对"类型"选择"移除面，然后抽壳"选项，把"厚度"值设为 2mm，选择实体下表面为可移除面，创建抽壳特征，如图 4-34 所示。

（21）单击"拉伸"按钮，在弹出的【拉伸】对话框中单击"绘制截面"按钮。以 *XC-YC* 平面为草绘平面、*X* 轴为水平参考线，绘制 1 个圆形截面（*ϕ*40mm），并经过原点绘制 1 条直线，直线的长度为 135mm，直线与 *X* 轴的夹角为 36°，如图 4-35 所示。

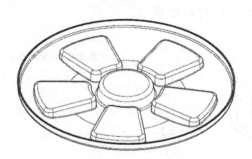

图 4-34　创建抽壳特征

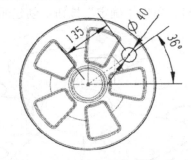

图 4-35　绘制 1 个圆形截面和 1 条直线

（22）把光标移到直线上，等光标附近出现 3 个小白点之后，再单击鼠标右键，在快捷菜单中单击"转化为参考"命令，把直线转化为参考线。

（23）单击"完成"按钮，在【拉伸】对话框中，对"指定矢量"选择"ZC↑"

选项。在"开始"栏中选择"值"选项，把"距离"值设为0mm；在"结束"栏中选择"⬢贯通"选项；对"布尔"选择"⭘求差"选项，对"拔模"选择"🔵无"选项。

（24）单击"确定"按钮，创建切除特征，如图4-36所示。

（25）单击"菜单｜插入｜关联复制｜阵列特征"命令，在弹出的【阵列特征】对话框中，对"布局"选择"⭕圆形"选项、"指定矢量"选择"ZC↑"选项。把"指定点"设为（0，0，0），在"间距"栏中选择"数量和间隔"选项，把"数量"值设为5、"节距角"值设为360°/5。

（26）按住Ctrl键，在"部件导航器"中选择☑📖拉伸(11)选项。

（27）单击"确定"按钮，创建阵列特征，如图4-37所示。

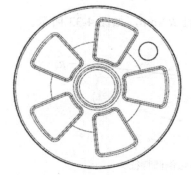 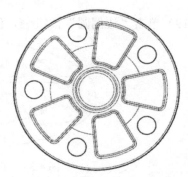

图4-36 步骤（24）创建的切除特征　　　　图4-37 步骤（27）创建的阵列特征

（28）单击"菜单｜插入｜细节特征｜面倒圆"命令，在弹出的【面倒圆】对话框中选择"三面"选项，在工作区上方的工具条中选择"单个面"选项。

（29）选择实体的内部曲面作为"面链1"，选择实体的外部曲面作为"面链2"，选择口部的曲面作为"面链3"。

（30）双击箭头，调整3个箭头的方向为互相指向另外两个曲面。

（31）单击"确定"按钮，创建面倒圆特征，如图4-38所示。

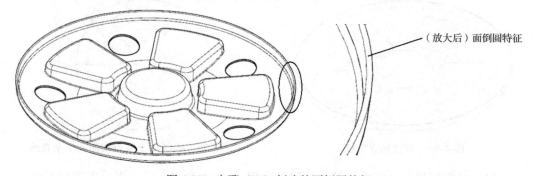

（放大后）面倒圆特征

图4-38 步骤（31）创建的面倒圆特征

（32）单击"保存"按钮🖫，保存文档。

3．天四地八

本节详细介绍在两个截面的图素数量不相等（本例为"天四地八"造型）的情况下绘制实体的方法。产品结构图如图 4-39 所示。

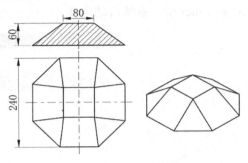

图 4-39　产品结构图

（1）启动 UG 12.0，单击"新建"按钮 ，在弹出的【新建】对话框中，把"名称"设为"天四地八"，对"文件夹"路径选择"D:\"。

（2）单击"确定"按钮，进入建模环境。

（3）单击"菜单 | 插入 | 草图"命令，以 XC-YC 平面为草绘平面、X 轴为水平参考线，以原点为中心，绘制 1 个正四边形截面（80mm×80mm），如图 4-40 所示。

（4）单击"完成"按钮，绘制截面。

（5）单击"菜单 | 插入 | 基准/点 | 基准平面"命令，在弹出的【基准平面】对话框中，对"类型"选择"按某一距离"选项，把"距离"值设为 60mm，如图 4-41 所示。

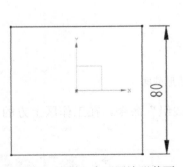

图 4-40　绘制 1 个正四边形截面

图 4-41　设置【基准平面】对话框参数

（6）选择 XC-YC 平面作为参考平面，单击"反向"按钮，使基准平面在 ZC 的负方向上，如图 4-42 所示。

（7）单击"菜单 | 插入 | 草图"命令，以上一步骤创建的平面作为草绘平面、X 轴

为水平参考线。单击"确定"按钮，进入草绘模式。

（8）单击"菜单｜插入｜草图曲线｜多边形"命令，在弹出的【多边形】对话框中单击"中心点"按钮 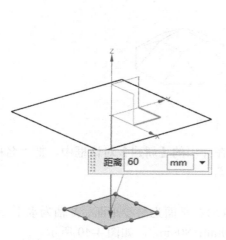，输入（0，0，0），把"边数"值设为8；对"大小"选择"内切圆半径"选项，把"半径"值设为120mm。按 Enter 键，系统自动选择 ☑ 🔒 半径 选项，把"旋转"值设为0；按 Enter 键，系统自动选择 ☑ 🔒 旋转 选项，如图 4-43 所示。

图 4-42　创建基准平面

图 4-43　设置【多边形】对话框参数

（9）绘制 1 个正八边形截面，如图 4-44 所示。

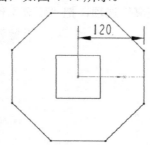

图 4-44　绘制 1 个正八边形截面

（10）单击"菜单｜插入｜网格曲面｜通过曲线组"命令，在工作区上方的工具条中选择"相连曲线"选项，如图 4-45 所示。

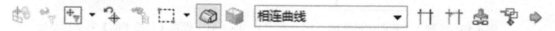

图 4-45　选择"相连曲线"选项

（11）选择正四边形作为截面线串 1，在【通过曲线组】对话框中单击"添加新集"按钮 ➡。选择正八边形作为截面线串 2（注意：两个箭头方向应保持一致），创建 1 个暂时曲面。该曲面的正方形截面上有 8 个控制点，八边形截面上也有 8 个控制点，如图 4-46 所示。

（12）在【通过曲线组】对话框中勾选"✓保留形状"复选框，对"对齐"选择"根据点"选项、"指定点"选择"⟋端点"选项，如图 4-47 所示。

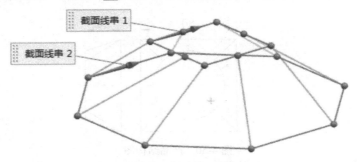

图 4-46　暂时曲面特征

（13）把正四边形边线中点位置的控制点拖到 4 个角位处，使正四边形的 1 个顶点对应正八边形的两个顶点。调整控制点后的效果如图 4-48 所示。

（14）单击"确定"按钮，绘制实体（"天四地八"造型），如图 4-49 所示。

（15）单击"保存"按钮 ，保存文档。

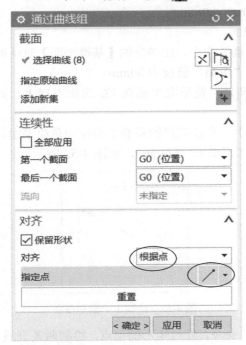

图 4-47　设置【通过曲线组】对话框参数

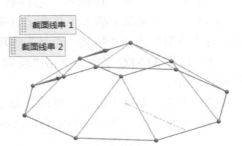

图 4-48　调整控制点效果

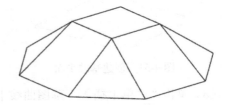

图 4-49　绘制实体

4．天圆地方

本节详细介绍在两个截面的图素数量不相等的情况下，打断其中 1 个截面的图素，使两个截面的图素数量一致，再通过网格曲面绘制实体的方法。产品结构图如图 4-50 所示。

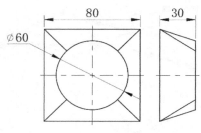

图 4-50　产品结构图

（1）启动 UG 12.0，单击"新建"按钮，在弹出的【新建】对话框中，把"单位"设为"毫米"，选择"模型"模块，把"名称"设为"天圆地方"，对"文件夹"路径选择"D:\"。

（2）单击"确定"按钮，进入建模环境。

（3）单击"菜单｜插入｜草图"命令，以 XC-YC 平面为草绘平面、X 轴为水平参考线，以原点为中心，绘制 1 个正方形截面（80mm×80mm）。

（4）单击"完成"按钮，绘制第 1 个截面。

（5）单击"菜单｜插入｜基准/点｜基准平面"命令，在弹出的【基准平面】对话框中，对"类型"选择"按某一距离"选项，把"距离"值设为 30mm。

（6）选择 XC-YC 平面，单击"反向"按钮，使基准平面在 ZC 的正方向上，如图 4-51 所示。

（7）单击"菜单｜插入｜草图"命令，以上一步骤创建的基准平面作为草绘平面、X 轴为水平参考线，以原点为中心，绘制 1 个圆形截面（60mm），如图 4-52 所示。

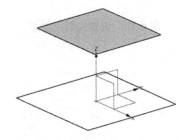

图 4-51　创建基准平面

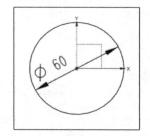

图 4-52　绘制 1 个圆形截面

（8）单击"菜单｜插入｜草图曲线｜直线"命令，经过矩形的顶点，绘制两条直线，如图 4-53 所示。

（9）把光标移到直线上，等光标附近出现 3 个小白点之后，单击鼠标右键，在快捷菜单中单击"转化为参考"命令，把直线转化为参考线，如图 4-54 所示。

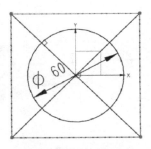

图 4-53　绘制两条直线

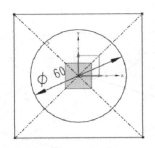

图 4-54　把直线转化为参考线

（10）单击"菜单｜编辑｜草图曲线｜快速修剪"命令，对圆形截面进行修剪，如图 4-55 所示。

（11）单击"完成"按钮 ，绘制第 2 个截面，如图 4-56 所示。

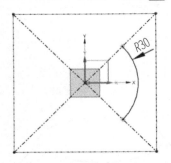

图 4-55　修剪圆形截面

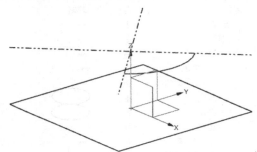

图 4-56　绘制第 2 个截面

（12）单击"菜单｜插入｜关联复制｜阵列几何特征"命令，在弹出的【阵列几何特征】对话框中，对"布局"选择" 圆形"选项、"指定矢量"选择"ZC↑"选项。把"指定点"设为（0，0，0），在"间距"栏中选择"数量和跨距"选项，把"数量"值设为 4、"跨角"值设为 360°。

（13）只选择图 4-56 中的圆弧，单击"确定"按钮，创建阵列几何特征，如图 4-57 所示。

（14）单击"菜单｜插入｜网格曲面｜通过曲线组"命令，在工作区上方的工具条中选择"相连曲线"选项。

（15）先选择圆形作为截面线串 1，在【通过曲线组】对话框中单击"添加新集"按钮 。然后，选择正方形作为截面线串 2，截面线串 1 和截面线串 2 上的两个箭头方向应保持一致，如图 4-58 所示。

（16）单击"确定"按钮，绘制实体。

（17）按住键盘上的 Ctrl+D 组合键，在【显示和隐藏】对话框中单击"草图"和"曲线"对应的"−"符号，如图 4-59 所示，隐藏曲线和草图后的效果如图 4-60 所示。

（18）单击"保存"按钮 ，保存文档。

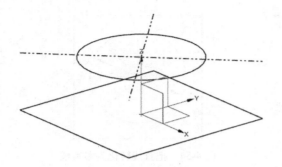

图 4-57 创建阵列几何特征

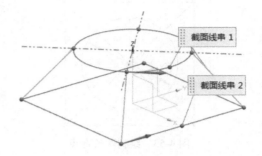

图 4-58 两个箭头方向应保持一致（逆时针）

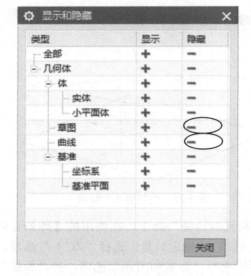

图 4-59 设置【显示和隐藏】对话框参数

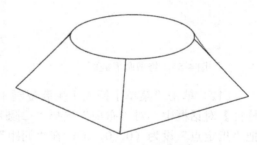

图 4-60 隐藏曲线与草图

5. 圆柱－椭圆柱

本节介绍如何用网格曲面连接圆柱和椭圆柱，详细介绍网格曲面的创建方法。产品结构图如图 4-61 所示。

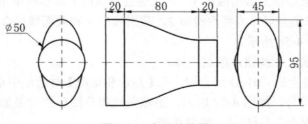

图 4-61 产品结构图

（1）启动 UG 12.0，单击"新建"按钮 ，在弹出的【新建】对话框中，把"名称"设为"圆柱-椭圆柱"，对"文件夹"路径选择"D:\"。

（2）单击"确定"按钮，进入建模环境。

（3）单击"菜单｜插入｜设计特征｜圆柱"命令，在弹出的【圆柱】对话框中，对"类型"选择"轴、直径和高度"选项、"指定矢量"选择"XC↑"选项，把"直径"值设为 50mm、"高度"值设为 20mm；对"布尔"选择" 无"选项。单击"指定点"按钮，在【点】对话框中，对"参考"选择"WCS"选项，输入（50，0，0）。

（4）单击"确定"按钮，创建 1 个圆柱，如图 4-62 所示。

（5）单击"拉伸"按钮，在弹出的【拉伸】对话框中单击"绘制截面"按钮，以 *YC-ZC* 平面为草绘平面、*Y* 轴为水平参考线。单击"确定"按钮，进入草图环境。

（6）单击"菜单｜插入｜曲线｜椭圆"命令，在弹出的【椭圆】对话框中，把"中心"坐标设为（0，0，0）、"大半径"值设为 47.5mm、"小半径"值设为 22.5mm、"角度"值设为 0°，如图 4-63 所示。

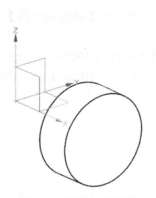

图 4-62　创建 1 个圆柱

图 4-63　设置【椭圆】对话框参数

（7）单击"确定"按钮，绘制 1 个椭圆截面，如图 4-64 所示。

（8）单击"完成"按钮，在【拉伸】对话框中，对"指定矢量"选择"-XC↓"选项。在"开始"栏中选择"值"选项，把"距离"值设为 30mm；在"结束"栏中选择"值"选项，把"距离"值设为 50mm；对"布尔"选择" 无"选项。

（9）单击"确定"按钮，创建椭圆柱，如图 4-65 所示。

（10）单击"菜单｜插入｜网格曲面｜通过曲线组"命令，选择圆柱的边线。在【通过曲线组】对话框中单击"添加新集"按钮，选择椭圆柱的边线。所选两条边线上的两个箭头方向应保持一致（逆时针），如图 4-66 所示。

（11）单击"确定"按钮，创建曲线组实体，但该实体被扭曲，如图 4-67 所示。

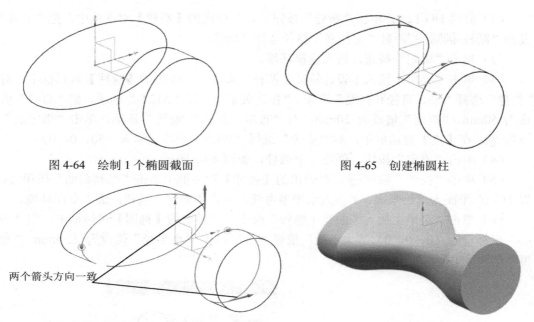

图 4-64　绘制 1 个椭圆截面　　　　　　　图 4-65　创建椭圆柱

图 4-66　两个箭头方向一致（逆时针）　　　图 4-67　曲线组实体被扭曲

两个箭头方向一致

（12）在"部件导航器"中双击☑ 通过曲线组 (3)选项，在【通过曲线组】对话框中，对"对齐"选择"根据点"选项，如图 4-68 所示。

（13）修改控制点的位置比率选择 A 点，把 A 点的位置比率改为 100%，其余点的位置比率也进行更改。B 点：25%，C 点：50%，D 点：25%，E 点：50%，F 点：75%，如图 4-69 所示。

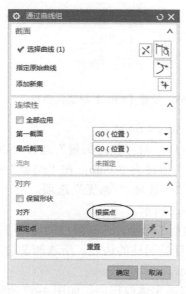

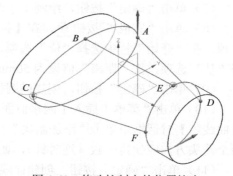

图 4-68　对"对齐"选择"根据点"选项　　　图 4-69　修改控制点的位置比率

（14）单击"确定"按钮，该实体曲面变平滑，如图 4-70 所示。此时，该实体与两端的圆柱（椭圆柱）几何相连但不相切。

（15）在"部件导航器"中双击 通过曲线组 (3) 选项，在【通过曲线组】对话框中，对"第一截面"选择"G1（相切）"选项，选择圆柱面；对"最后一个截面"选择"G1（相切）"选项，选择椭圆柱面，如图 4-71 所示。

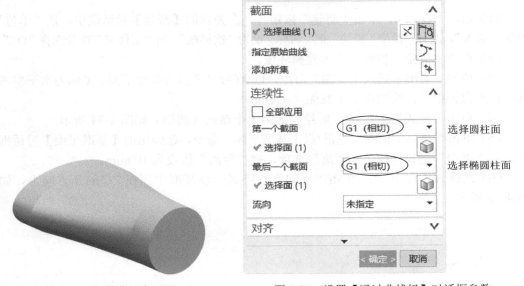

图 4-70　实体曲面变平滑　　　　图 4-71　设置【通过曲线组】对话框参数

（16）单击"确定"按钮，曲线组实体与两端的圆柱（椭圆柱）相切，如图 4-72 所示。

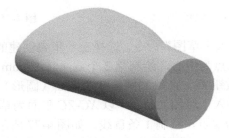

图 4-72　曲线组实体与两端的曲面相切

（17）单击"保存"按钮 💾，保存文档。

6. 饮料瓶

本节通过饮料瓶的造型设计，详细介绍创建扫掠曲面的基本方法。产品结构图如图 4-73 所示。

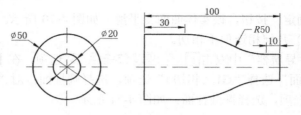

图 4-73　产品结构图

（1）启动 UG 12.0，单击"新建"按钮 ▯，在弹出的【新建】对话框中，把"单位"设为"毫米"，选择"模型"模块，把"名称"设为"饮料瓶"，对"文件夹"路径选择"D:\"。

（2）单击"确定"按钮，进入建模环境。

（3）单击"菜单｜插入｜草图"命令，以 XC-YC 平面为草绘平面、X 轴为水平参考线，以原点为中心，绘制第 1 个截面（φ50mm）。

（4）单击"完成"按钮 ▨，所绘制的第 1 个截面（圆形）如图 4-74 所示。

（5）单击"菜单｜插入｜基准/点｜基准平面"命令，在弹出的【基准平面】对话框中，对"类型"选择"按某一距离"选项，把"距离"值设为100mm。

（6）选择 XC-YC 平面，单击"反向"按钮 ▨，使基准平面在 ZC 的正方向上，如图 4-75 所示。

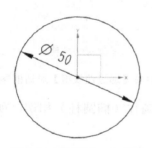

图 4-74　绘制第 1 个截面

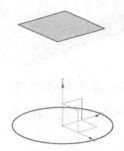

图 4-75　创建基准平面

（7）单击"菜单｜插入｜草图"命令，选择上一步骤创建的基准平面作为草绘平面、X 轴为水平参考线，以原点为中心，绘制第 2 个截面（φ20mm）。

（8）单击"完成"按钮 ▨，所绘制的第 2 个截面（圆形）如图 4-76 所示。

（9）单击"菜单｜插入｜草图"命令，以 XC-ZC 平面为草绘平面、X 轴为水平参考线，以两个圆弧的圆心为端点，绘制 1 条直线，如图 4-77 所示。

（10）单击"菜单｜插入｜草图"命令，以 XC-ZC 平面为草绘平面、X 轴为水平参考线，绘制第 3 个截面，截面尺寸如图 4-78 所示。

（11）单击"确定"按钮，所绘制的第 3 个截面如图 4-79 所示。

（12）单击"菜单｜插入｜关联复制｜阵列几何特征"命令，在弹出的【阵列几何特征】对话框中，对"布局"选择" ⊙ 圆形"选项、"指定矢量"选择"ZC↑"选项，把"指定点"设为（0，0，0）；在"间距"栏中选择"数量和跨距"选项，把"数量"值设为 2、"跨角"值设为–90°。

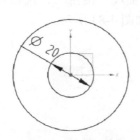

图 4-76　绘制第 2 个截面　　　　　　　图 4-77　绘制 1 条直线

（13）选择步骤（11）绘制的截面，单击"确定"按钮，创建阵列特征，如图 4-80 所示。

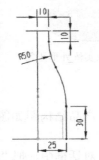

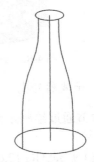

图 4-78　第 3 个截面尺寸　　　图 4-79　绘制第 3 个截面　　　图 4-80　创建阵列特征

（14）单击"菜单丨插入丨扫掠（W）丨扫掠（S）"命令，选择大圆作为截面曲线 1。单击"添加新集"按钮🐾，选择小圆作为截面曲线 2，如图 4-81 所示。

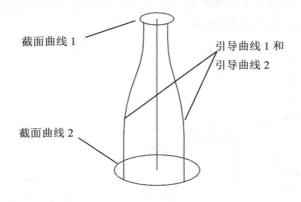

图 4-81　选择截面曲线和引导曲线

（15）在【扫掠】对话框中，对"引导线"选择"曲线"选项，选择引导曲线 1 和引导曲线 2，如图 4-81 所示。

（16）单击"确定"按钮，生成 1 个扫掠实体，但这个实体已变形，如图 4-82 所示。

（17）在【扫掠】对话框中的"脊线"一栏单击"曲线"按钮，选择两个圆之间的直线作为脊线。此时，创建的扫掠实体外形正常，如图 4-83 所示。

图 4-82　扫掠实体变形　　　　　　　　图 4-83　扫掠实体外形正常

7. 示波器外壳

本节通过绘制示波器外壳，介绍创建扫掠曲面的基本方法。产品结构图如图 4-84 所示。

（1）启动 UG 12.0，单击"新建"按钮，在弹出的【新建】对话框中，把"单位"设为"毫米"，选择"模型"模块，把"名称"设为"显示器"，对"文件夹"路径选择"D:\"选项。

（2）单击"确定"按钮，进入建模环境。

（3）单击"菜单｜插入｜草图"命令，以 YC-ZC 平面为草绘平面、Y 轴为水平参考线，绘制第 1 个截面，如图 4-85 所示。

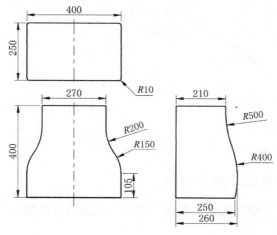

图 4-84　产品图

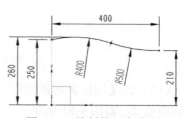

图 4-85　绘制第 1 个截面

（4）绘制完毕，单击"完成"按钮 🏁。

（5）单击"菜单｜插入｜草图"命令，以 *XC-YC* 平面为草绘平面、*X* 轴为水平参考线，绘制第 2 个截面，如图 4-86 所示。

（6）绘制完成，单击"完成"按钮 🏁。

（7）单击"菜单｜插入｜关联复制｜镜像几何体"命令，选择第 2 个截面作为"要镜像的特征"，选择 *YC-ZC* 平面作为镜像平面，创建镜像特征，如图 4-87 所示。

图 4-86　绘制第 2 个截面　　　　　　图 4-87　创建镜像特征

（8）单击"菜单｜插入｜草图"命令，以 *XC-ZC* 平面为草绘平面、*X* 轴为水平参考线，经过图 4-87 中的 3 条曲线的端点绘制第 3 个截面，如图 4-88 所示。

提示：先绘制 1 个矩形，再单击"几何约束"按钮 📐，在弹出的【几何约束】对话框中单击"点在曲线上"按钮 ↑，把 3 条曲线的端点约束到矩形的边线上。

（9）单击"菜单｜插入｜扫掠（W）｜扫掠（S）"命令，选择矩形曲线作为截面曲线，选择其他 3 条曲线作为引导曲线 1、引导曲线 2、引导曲线 3。单击鼠标中键，结束选择。

（10）在【扫掠】对话框中勾选"✓保留形状"复选框。

（11）单击"确定"按钮，创建 1 个扫掠实体，如图 4-89 所示。

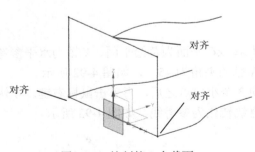

图 4-88　绘制第 3 个截面　　　　　　图 4-89　创建 1 个扫掠实体

（12）单击"边倒圆"按钮 🟦，创建 *R*10mm 的圆角，如图 4-90 所示。若在【扫掠】对话框中没有勾选"✓保留形状"复选框，则不能创建倒圆角。

图 4-90　创建倒圆角

8. 牛角

本节通过绘制弯勾，介绍创建扫掠曲面的基本方法。产品结构图如图 4-91 所示。

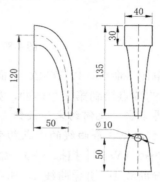

图 4-91　产品结构图

（1）启动 UG 12.0，单击"新建"按钮，在弹出的【新建】对话框中，把"单位"设为"毫米"，选择"模型"模块，把"名称"设为"牛角"，对"文件夹"路径选择"D:\"选项。

（2）单击"确定"按钮，进入建模环境。

（3）单击"菜单︱插入︱草图"命令，以 *XC-ZC* 平面为草绘平面、*X* 轴为水平参考线，绘制两条互相垂直的直线。两条直线与 *X* 轴的夹角为 45°，如图 4-92 所示。

（4）把光标移到直线上，等光标附近出现 3 个小白点之后，再单击鼠标右键。在快捷菜单中单击"转化为参考"命令，把两条直线转化为参考线，如图 4-93 所示。

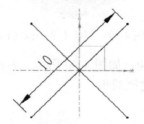

图 4-92　两条直线与 X 轴的夹角为 45°

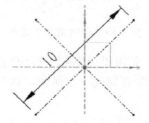

图 4-93　把两条直线转化为参考线

（5）单击"菜单｜插入｜草图曲线｜圆弧"命令，在【圆弧】对话框中单击"中心和端点定圆弧"命令 ⌒，如图 4-94 所示。

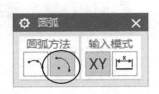

图 4-94 单击"中心和端点定圆弧"命令 ⌒

（6）以原点为圆心、参考线的端点为顶点，绘制 1 段圆弧，半径为 5mm，如图 4-95 所示。

（7）采用相同的方法，绘制其余 3 段圆弧。

（8）单击"完成"按钮 ▨，绘制第 1 个截面（圆形），如图 4-96 所示。

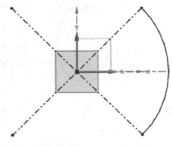

图 4-95 绘制 1 段圆弧

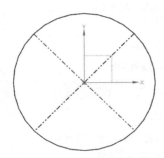

图 4-96 绘制第 1 个截面

（9）单击"菜单｜插入｜基准/点｜基准平面"命令，在弹出的【基准平面】对话框中。对"类型"选择"按某一距离"选项，把"距离"值设为 60mm。选择 *XC-YC* 平面作为参考面，创建基准平面，如图 4-97 所示。

（10）单击"菜单｜插入｜草图"命令，以上一步骤创建的基准平面作为草绘平面，绘制第 2 个截面（矩形），如图 4-98 所示。

（11）绘制完毕，单击"完成"按钮 ▨。

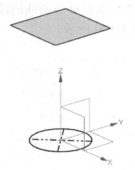

图 4-97 创建基准平面

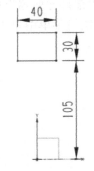

图 4-98 绘制第 2 个截面

（12）单击"菜单｜插入｜曲线｜艺术样条"命令，在弹出的【艺术样条】对话框中，对"类型"选择"通过点"选项。单击"指定点"按钮 ⊡，在【点】对话框中，对"参考"选择"绝对坐标系"选项，输入（0，0，0），输入第 1 点坐标，如图 4-99 所示。

图 4-99　输入第 1 点坐标

（13）单击"确定"按钮。在【艺术样条】对话框中单击"指定点"按钮，在【点】对话框中输入 4 点坐标（0，45，2），（0，85，10），（0，118，40），（0，120，60）。

（14）单击"确定"按钮，创建艺术样条曲线。

（15）在"部件导航器"中，双击☑～**样条 (5)** 选项，选择样条曲线的端点。单击鼠标右键，在快捷菜单中单击"指定约束"命令，如图 4-100 所示。

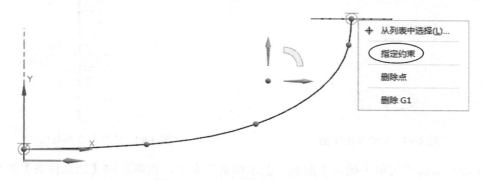

图 4-100　单击"指定约束"命令

（16）在端点拖动手柄，改变箭头的方向。其中，第 1 个箭头指向上方，稍微偏右，第 2 个箭头指向左侧且稍微偏上。通过这种方式，可以调整曲线斜率，如图 4-101 所示。

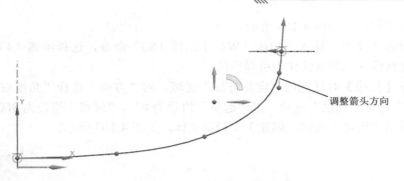

图 4-101　调整曲线斜率

（17）采用相同的方法，调整曲线第 2 个端点的斜率。

（18）单击"菜单｜插入｜扫掠（W）｜扫掠（S）"命令，选择圆形作为截面曲线 1、矩形作为截面曲线 2，选择圆形和矩形两个截面之间的连线为引导曲线。

（19）在【扫掠】对话框中，对"缩放"选择"恒定"选项，其他选项设为默认值。

（20）单击"确定"按钮，创建 1 个扫掠实体，如图 4-102 所示。

（21）在【扫掠】对话框中对"缩放"选择"面积规律"选项，在"规律类型"栏中选择"线性"选项，把"起点"值设为 300mm^2、"终点"值设为 30mm^2。按"面积规律"创建的实体如图 4-103 所示。

（22）在【扫掠】对话框中对"缩放"选择"周长规律"选项，在"规律类型"栏中选择"线性"选项，把"起点"值设为 0mm、"终点"值设为 50mm。按"周长规律"创建的实体如图 4-104 所示。

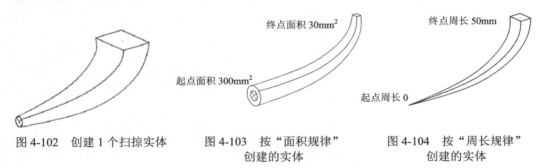

图 4-102　创建 1 个扫掠实体　　　图 4-103　按"面积规律"　　　图 4-104　按"周长规律"
　　　　　　　　　　　　　　　　　　　　　创建的实体　　　　　　　　　创建的实体

9. 麻花

（1）启动 UG 12.0，单击"新建"按钮，在弹出的【新建】对话框中，把"名称"设为"麻花"，对"文件夹"路径选择"D:\"。

（2）单击"确定"按钮，进入建模环境。

（3）单击"菜单｜插入｜草图"命令，以 XC-ZC 平面为草绘平面、X 轴为水平参考线，绘制 1 条直线，如图 4-105 所示。

（4）单击"菜单｜插入｜草图"命令，以 XC-YC 平面为草绘平面、X 轴为水平参考线，绘制 1 个截面，如图 4-106 所示。

（5）单击"菜单｜插入｜扫掠（W）｜扫掠（S）"命令，选择步骤（4）绘制的截面作为截面曲线，选择直线作为引导曲线。

（6）在【扫掠】对话框的"定位方法"区域，对"方向"选择"角度规律"选项、"规律类型"选择"线性"选项，把"起点"值设为 0°、"终点"值设为 360°。

（7）单击"确定"按钮，创建 1 个扫掠实体，如图 4-107 所示。

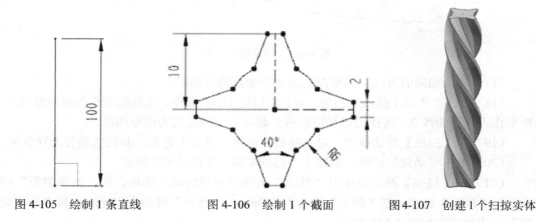

图 4-105　绘制 1 条直线　　　　　图 4-106　绘制 1 个截面　　　　　图 4-107　创建 1 个扫掠实体

第5章　从上往下式实体设计

本章通过纸巾盒的造型设计，详细介绍先创建整体造型，再运用 WAVE 模式创建装配组件的方法。产品结构图如图 5-1 所示。

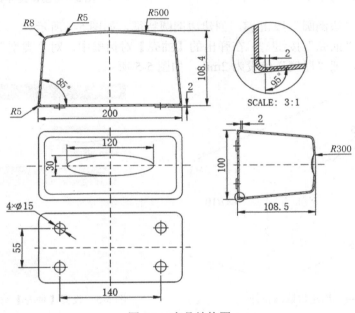

图 5-1　产品结构图

（1）启动 UG 12.0，单击"新建"按钮 ，在弹出的【新建】对话框中，把"单位"设为"毫米"，选择"模型"模块，把"名称"设为"纸巾盒"。单击"确定"按钮，进入建模环境。

（2）单击"拉伸"按钮 ，在弹出的【拉伸】对话框中单击"绘制截面"按钮 。以 XC-YC 平面为草绘平面、X 轴为水平参考线，以原点为中心绘制 1 个矩形截面（200mm×100mm），如图 5-2 所示。

（3）单击"完成"按钮 。在【拉伸】对话框中，对"指定矢量"选择"ZC↑"选项。在"开始"栏中选择"值"选项，把"距离"值设为 0mm；在"结束"栏中选择"值"选项，把"距离"值设为 80mm；对"布尔"选择" 无"选项、"拔模"选择"从起始限制"选项，把"角度"值设为 5°。

（4）单击"确定"按钮，创建拉伸特征，如图 5-3 所示。

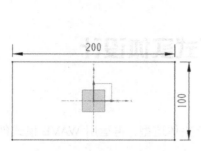

图 5-2　绘制 1 个矩形截面

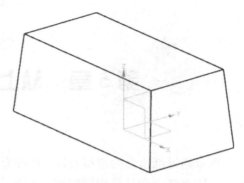

图 5-3　创建拉伸特征

（5）单击"边倒圆"按钮 ，创建边倒圆特征，如图 5-4 所示。

（6）单击"抽壳"按钮 ，在弹出的【抽壳】对话框中，对"类型"选择"对所有面抽壳"选项，把"厚度"值设为 2mm，如图 5-5 所示。

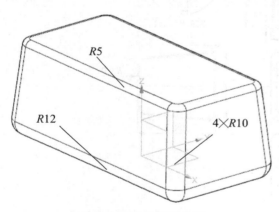

图 5-4　创建边倒圆特征

图 5-5　设置【抽壳】对话框参数

（7）单击"拉伸"按钮 ，在弹出的【拉伸】对话框中单击"绘制截面"按钮 。以实体上表面为草绘平面、X 轴为水平参考线。单击"确定"按钮，进入草图环境。

（8）单击"菜单 | 插入 | 曲线 | 椭圆"命令，在弹出的【椭圆】对话框中把原点（0，0，0）设为椭圆中心，把"大半径"值设为 60mm、"小半径"值设为 20mm、"旋转角"值设为 0°，如图 5-6 所示。

（9）单击"确定"按钮，创建椭圆截面，如图 5-7 所示。

（10）单击"完成 "按钮 。在【拉伸】对话框中，对"指定矢量"选择"-ZC↓"选项。在"开始"栏中选择"值"选项，把"距离"值设为 0mm；在"结束"栏中选择"直至下 1 个"；对"布尔"选择" 求差"选项，"拔模"选择"无"选项。

（11）单击"确定"按钮，创建切除特征，如图 5-8 所示。

（12）单击"边倒圆"按钮 ，创建边倒圆特征（R5mm），如图 5-9 所示。

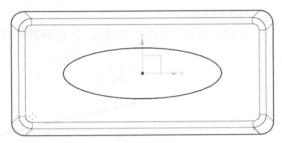

图 5-6　设置【椭圆】对话框参数　　　　　图 5-7　创建椭圆截面

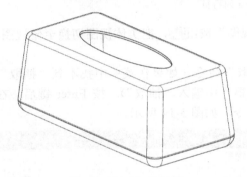

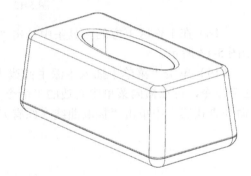

图 5-8　创建切除特征　　　　　　　　　图 5-9　创建边倒圆特征

（13）单击"菜单｜插入｜设计特征｜拉伸"命令，在弹出的【拉伸】对话框中单击"绘制截面"按钮，以实体底面的平面为草绘平面、X 轴为水平参考线，绘制 1 个圆形截面（ϕ20mm），如图 5-10 所示。

（14）单击"完成"按钮，在弹出的【拉伸】对话框中，对"指定矢量"选择"-ZC↓"选项。在"开始"栏中选择"值"选项，把"距离"值设为 0mm；在"结束"栏中选择"值"选项，把"距离"值设为 2mm；对"布尔"选择"求和"选项、"拔模"选择"无"选项。

（15）单击"确定"按钮，创建凸起特征，如图 5-11 所示。

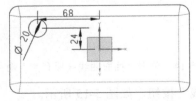

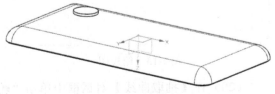

图 5-10　绘制 1 个圆形截面　　　　　　　图 5-11　创建凸起特征

（16）单击"菜单｜插入｜关联复制｜阵列特征"命令，在弹出的【阵列特征】对话框中，对"布局"选择"⊞线性"选项；在"方向1"中，对"指定矢量"选择"XC↑"选项。在"间距"栏中选择"数量和间隔"选项，把"数量"值设为2、"节距"值设为136mm。勾选"✓使用方向2"复选框，在"方向2"中，对"指定矢量"选择"YC↑"选项。在"间距"栏中选择"数量和间隔"选项，把"数量"值设为2、"节距"值设为48mm。

（17）单击"确定"按钮，创建阵列特征，如图5-12所示。

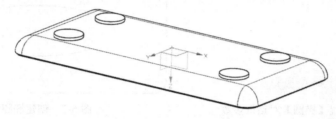

图5-12　创建阵列特征

（18）在工作区上方的工具条中单击"俯视图"按钮■，把实体视图切换至俯视图，如图5-13所示。

（19）单击"菜单｜插入｜派生曲线｜抽取"命令（如果在菜单中找不到"抽取"这个命令，可在横向菜单中右边的"命令查找器"中输入"抽取"）。按 Enter 键后，在"命令查找器"中单击"抽取曲线（原有）"命令，如图5-14所示。

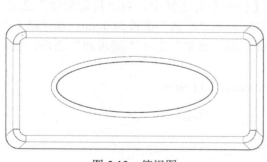

图5-13　俯视图

图5-14　单击"抽取曲线（原有）"命令

（20）在【抽取曲线】对话框中单击"轮廓曲线"按钮，如图5-15所示。

（21）选择实体后，沿实体的最大截面创建1条轮廓曲线，如图5-16所示。

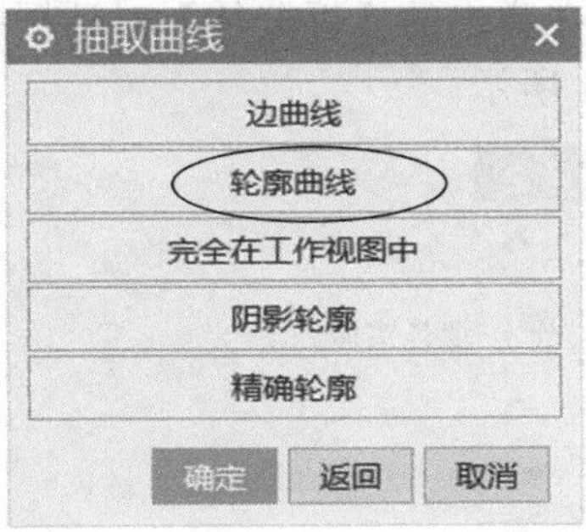

图 5-15　单击“轮廓曲线”按钮

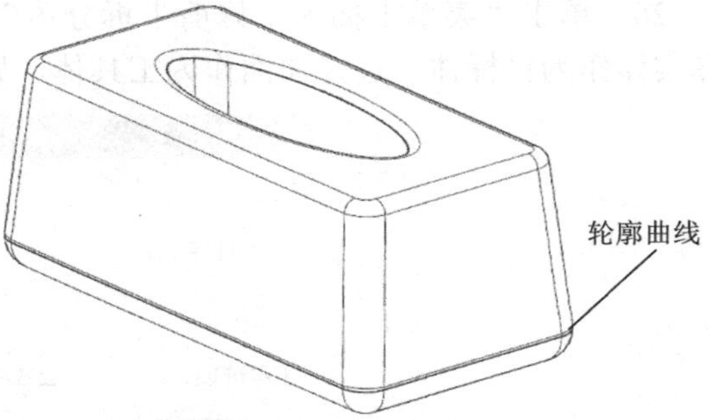

图 5-16　创建 1 条创建轮廓曲线

（22）单击“拉伸”按钮，在弹出的【拉伸】对话框中单击“绘制截面”按钮。以 *XC-ZC* 平面为草绘平面、*X* 轴为水平参考线，绘制 1 条直线，如图 5-17 所示。

（23）单击“几何约束”按钮，在弹出的【几何约束】对话框中单击“共线”按钮，选择上一步骤绘制的直线作为“要约束的对象”，选择轮廓曲线作为“要约束到的对象”。此时，竖直方向的尺寸标注变红色。直接删除红色尺寸标注后，即可使直线与轮廓曲线共线，如图 5-18 所示。

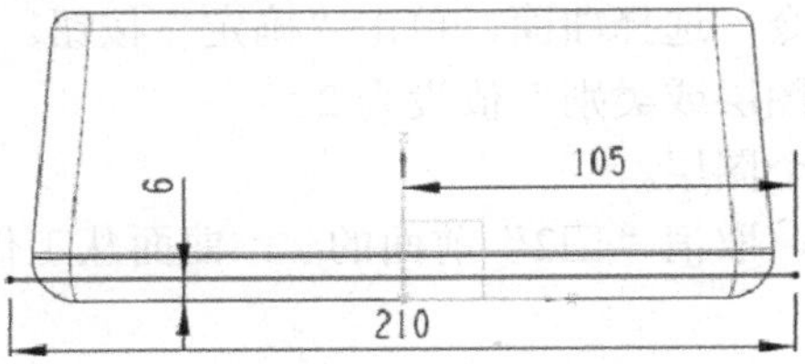

图 5-17　绘制 1 条直线

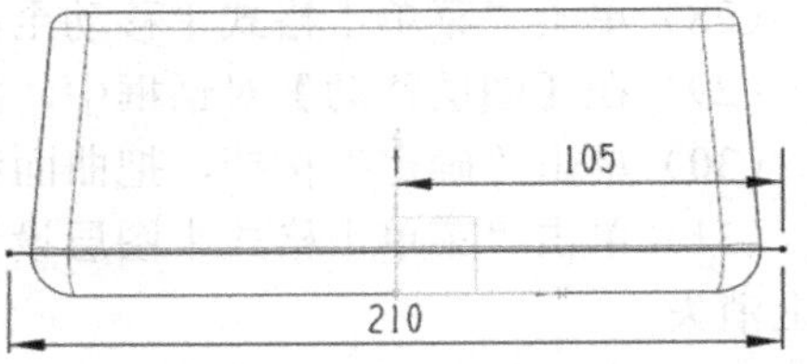

图 5-18　使直线与轮廓曲线共线

（24）单击“完成”按钮。在【拉伸】对话框中，对“指定矢量”选择“YC↑”选项。在“结束”栏中选择“对称值”选项，把“距离”值设为 50mm，如图 5-19 所示。

（25）单击“确定”按钮，创建拉伸曲面，如图 5-20 所示。

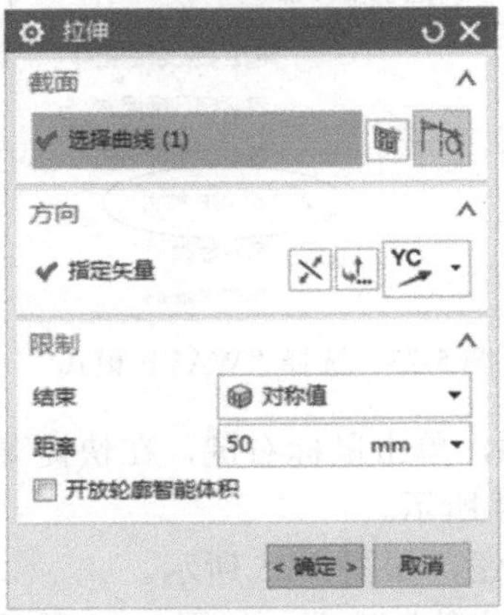

图 5-19　设置【拉伸】对话框参数

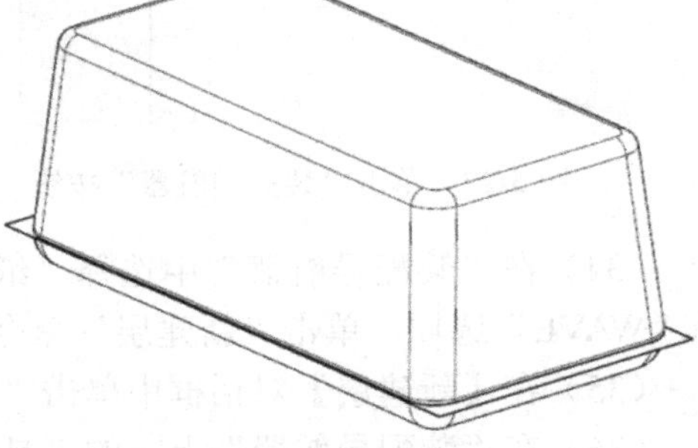

图 5-20　创建拉伸曲面

（26）单击"菜单｜插入｜修剪｜拆分体"命令，在弹出的【拆分体】对话框中，选择实体作为目标体，选择曲面作为工具体，如图5-21所示。

图5-21　设置【拆分体】对话框参数

（27）单击"确定"按钮，把实体分成上、下两部分。

提示：如果没有把实体拆分成功，那可能是因为拉伸曲面的范围小于实体，应把拉伸曲面的范围做大一些。

（28）单击"菜单｜格式｜移动至图层"命令，选择曲面，单击"确定"按钮。

（29）在【图层移动】对话框中，把"目标图层或类别"值设为2。

（30）单击"确定"按钮，把曲面移至第2个图层。

（31）单击"菜单｜格式｜图层设置"命令，取消"□2"前面的✔，曲面从工作界面上消失。

（32）在工作界面左边单击"装配导航器"按钮，如图5-22所示。

（33）在空白处单击鼠标右键，在快捷菜单中选择"WAVE模式"，如图5-23所示。

图5-22　单击"装配导航器"按钮

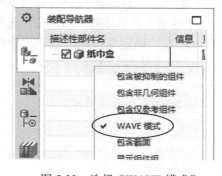

图5-23　选择"WAVE模式"

（34）在"装配导航器"中选择"纸巾盒"选项，单击鼠标右键，在快捷菜单中选择"WAVE"选项，单击"新建层"命令，如图5-24所示。

（35）在【新建层】对话框中单击"类选择"按钮，如图5-25所示。

（36）在"装配导航器"上方的工具条中选择"实体"选项，如图5-26所示。

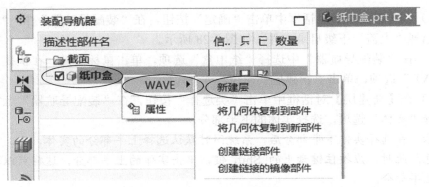

图 5-24 选择"WAVE"选项，单击"新建层"命令

图 5-25 单击"类选择"按钮

图 5-26 选择"实体"选项

（37）选择实体的上半部分，在【新建层】对话框中单击"指定部件名"按钮。在弹出的【选择部件名】对话框中把"文件名"设为"上盖"，如图 5-27 所示。

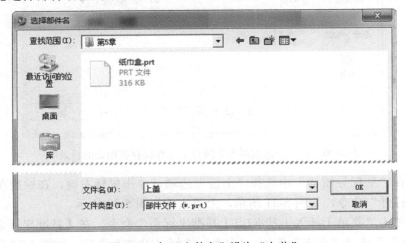

图 5-27 把"文件名"设为"上盖"

（38）在【新建层】对话框中单击"确定"按钮，在"装配导航器"中，"纸巾盒"文件中出现"上盖"下级目录文件，如图 5-28 所示。

（39）在"装配导航器"中选择"纸巾盒"选项，单击鼠标右键，在快捷菜单中选择"WAVE"选项，单击"新建层"命令。

（40）在【新建层】对话框中单击"类选择"按钮，在"装配导航器"上方的工具条中选择"实体"选项，选择实体的下半部分。

提示：在选择实体下半部分后，系统同时默认选择上半部分的实体，上、下部分都变成黄色。此时，应按住键盘上的 Shift 键，单击实体的上半部分，这样可以取消选择实体的上半部分。

（41）在【新建层】对话框中单击"指定部件名"按钮，在【选择部件名】对话框中输入"下盖"。

（42）在【新建层】对话框中单击"确定"按钮，在"装配导航器"中，"纸巾盒"文件中出现"下盖"下级目录文件，如图 5-29 所示。

图 5-28　出现"上盖"下级目录文件

图 5-29　出现"下盖"下级目录文件

（43）单击"保存"按钮🖫，把所创建的两个下级目录文件保存在指定的目录中，如图 5-30 所示。

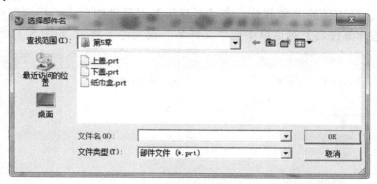

图 5-30　把所创建的两个下级目录文件保存在指定的目录中

（44）在"装配导航器"中选择"上盖"选项，单击鼠标右键，在快捷菜单中单击"在窗口中打开"命令，如图 5-31 所示，上盖实体如图 5-32 所示。

（45）单击"菜单｜插入｜基准/点｜基准坐标系"命令，在【基准坐标系】对话框中，对"类型"选择"动态"选项、"参考"选择"WCS"选项，如图 5-33 所示。

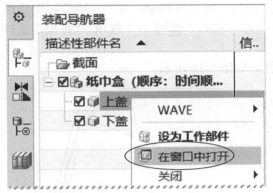

图 5-31　单击"在窗口中打开"命令

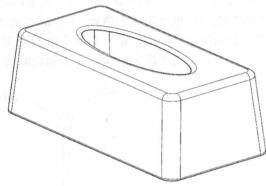

图 5-32　上盖实体

图 5-33　设置【基准坐标系】对话框参数

（46）单击"确定"按钮，创建基准坐标系。

（47）单击"拉伸"按钮▣，在弹出的【拉伸】对话框中单击"绘制截面"按钮▣。以实体口部的平面为草绘平面、X 轴为水平参考线。单击"确定"按钮，进入草图环境。

（48）单击"菜单 | 插入 | 来自曲线集的曲线 | 偏置曲线"命令，在工作区上方的工具条中选择"相切曲线"选项，如图 5-34 所示。

图 5-34　选择"相切曲线"选项

（49）选择实体口部两条曲线中的第 1 条边线，在【偏置曲线】对话框中，把"距离"值设为 1mm。双击箭头，使箭头指向第 2 条边线，在实体口部的两条边线的中间位置创建偏置曲线，如图 5-35 所示。

（50）单击"完成"按钮▩。在【拉伸】对话框中，对"指定矢量"选择"ZC↑"

选项。在"开始"栏中选择"值"选项，把"距离"值设为0mm；在"结束"栏中选择"值"选项，把"距离"值设为 1mm；对"布尔"选择"￼求差"选项、"拔模"选择"从起始限制"选项，把"角度"值设为2°。

（51）单击"确定"按钮，创建切除特征，如图5-36所示。

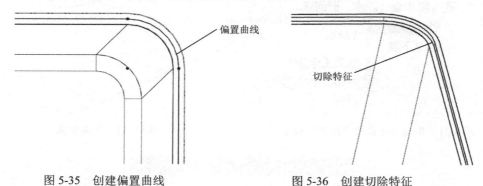

图 5-35　创建偏置曲线　　　　　　　　图 5-36　创建切除特征

（52）单击"保存"按钮￼，保存上盖实体。

（53）在屏幕上方的工具条中单击"窗口"命令，选择"纸巾盒.prt"零件图，如图 5-37 所示。然后，打开"纸巾盒.prt"零件图。

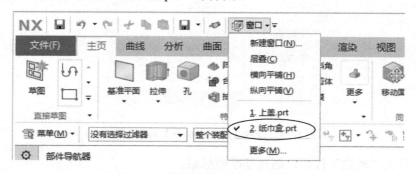

图 5-37　选择"纸巾盒.prt"零件图

（54）在"装配导航器"中选择￼ ￼ 下盖选项，单击鼠标右键，在快捷菜单中单击"在窗口中打开"命令，如图5-38所示，打开"下盖"零件图。

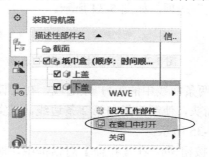

图 5-38　单击"在窗口中打开"命令

（55）单击"菜单｜插入｜基准/点｜基准坐标系"命令，在【基准坐标系】对话框中，对"类型"选择"动态"选项、"参考"选择"WCS"选项。

（56）单击"确定"按钮，创建基准坐标系。

（57）单击"菜单｜插入｜设计特征｜拉伸"命令，在弹出的【拉伸】对话框中单击"绘制截面"按钮，以实体口部的平面为草绘平面、X 轴为水平参考线。单击"确定"按钮，进入草图环境。

（58）单击"菜单｜插入｜来自曲线集的曲线｜偏置曲线"命令，在工作区上方的工具条中选择"相切曲线"选项。

（59）选择实体口部两条曲线中的第 1 条边线，在【偏置曲线】对话框中，把"距离"值设为 1mm。双击箭头，使箭头指向第 2 条边线，在实体口部的两条边线的中间位置创建偏置曲线。

（60）单击"完成"按钮，在弹出的【拉伸】对话框中单击"曲线"按钮，如图 5-39 所示。

（61）选择实体口部两条曲线中内侧的边线和偏置曲线，如图 5-40 所示。

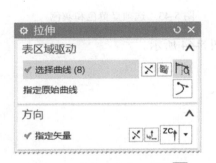
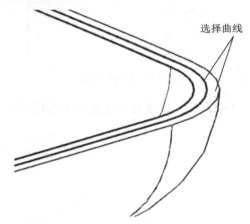

选择曲线

图 5-39　单击"曲线"按钮 　　　　　　图 5-40　选择内侧边线和偏置曲线

（62）在【拉伸】对话框中，对"指定矢量"选择"ZC↑"选项。在"开始"栏中选择"值"选项，把"距离"值设为 0mm；在"结束"栏中选择"值"选项，把"距离"值设为 1mm；对"布尔"选择"求和"选项、"拔模"选择"从起始限制"选项，把"角度"值设为 2°。

（63）单击"确定"按钮，创建实体口部的唇特征（凸起），如图 5-41 所示。

（64）单击"保存"按钮，保存下盖实体。

（65）在屏幕上方的工具条中单击"窗口"命令，打开"纸巾盒.prt"零件图。

（66）在"装配导航器"的"描述性部件名"中单击　纸巾盒（顺序：时间顺序）前面的"√"，使　纸巾盒（顺序：时间顺序）选项呈灰色，如图 5-42 所示。此时，隐藏工作区中的图形。

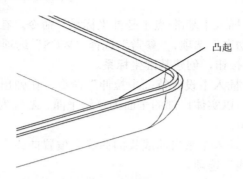

凸起

图 5-41　创建实体口部的唇特征（凸起）

（67）在"装配导航器"的"描述性部件名"中选择 ☑⬚ **上盖**选项和 ☑⬚ **下盖**选项，使 ☑⬚ **上盖**选项和 ☑⬚ **下盖**选项呈黄色，☑⬛ **纸巾盒（顺序：时间顺序）**选项呈灰色，如图 5-43 所示。

图 5-42　选项呈灰色

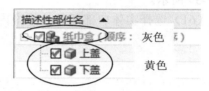

图 5-43　选项呈黄色和灰色

（68）在工作区显示上盖和下盖的零件图，如图 5-44 所示。

图 5-44　显示上盖和下盖的零件图

（69）在横向菜单中先单击"应用模块"选项卡，再单击"装配"按钮，如图 5-45 所示。

图 5-45　选单击"应用模块"选项卡，再单击"装配"按钮

（70）单击"菜单｜装配｜爆炸图｜新建爆炸图"命令，在【新建爆炸图】对话框中，把"名称"设为"爆炸图-1"，如图 5-46 所示。

图 5-46　把"名称"设为"爆炸图-1"

（71）单击"菜单｜装配｜爆炸图｜编辑爆炸图"命令，在【编辑爆炸图】对话框中选择"◎ 选择对象"单选框，如图 5-47 所示。

（72）选择上盖，如图 5-48 所示。

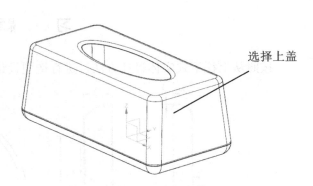

图 5-47　选择"◎ 选择对象"单选框　　　　　　图 5-48　选择上盖

（73）在【编辑爆炸图】对话框中选择"◎ 移动对象"单选框，如图 5-49 所示。

（74）在工作区拖动 Z 轴方向上的箭头，如图 5-50 所示。

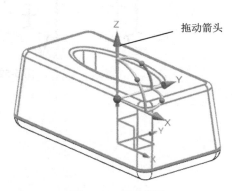

图 5-49　选择"◎ 移动对象"单选框　　　　　　图 5-50　拖动箭头

（75）把上盖移到适当的位置，如图 5-51 所示。

（76）单击"保存"按钮🖫，保存文档。

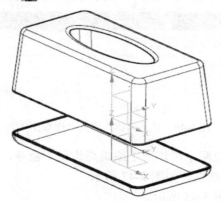

图 5-51　移动上盖到适当位置

习　题

按照从上往下式实体设计方法，进行造型设计。产品结构图如图 5-52 所示。

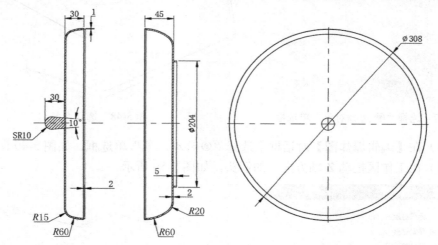

图 5-52　产品结构图

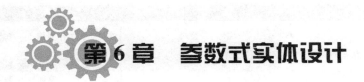

第6章 参数式实体设计

本章通过几个简单的实例，详细介绍创建参数式曲线和参数式实体的方法。

1. 弹簧

（1）启动 UG 12.0，单击"新建"按钮。单击"菜单 | 工具 | 表达式"命令，在弹出的【表达式】对话框中，在"名称"栏中输入"t"、"公式"栏中输入"1"。对"量纲"选择"无单位"选项、"类型"选择"数字"选项，如图 6-1 所示。

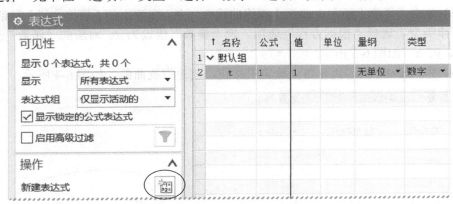

图 6-1　设置【表达式】对话框参数

（2）单击"新建表达式"按钮，依次输入表 6-1 中的螺纹曲线参数。
提示：必须在非中文输入状态下输入"（"和"）"符号，否则，为非法字符。

表 6-1　螺纹曲线参数

名称	表达式	类型	量纲	表达式的含义
t	1	数字	无单位	系统变量，变化范围：0～1
r	10	数字	长度	圆弧半径
n	5	数字	无单位	螺纹数量
p	4	数字	长度	螺距
theta	t*360	数字	角度	每个螺纹旋转 360°
x	r*cos（theta*n）	数字	长度	曲线上任一点的 x 坐标
y	r*sin（theta*n）	数字	长度	曲线上任一点的 y 坐标
z	p*n*t	数字	长度	曲线上任一点的 z 坐标

（3）输入参数后，【表达式】对话框内容如图6-2所示。

	↑ 名称	公式	值	单位	量纲	类型
1	∨ 默认组					
2				mm ▾	长度 ▾	数字 ▾
3	n	5	5		常数	数字
4	p	4	4	mm ▾	长度	数字
5	r	10	10	mm ▾	长度	数字
6	t	1	1		常数	数字
7	theta	t*360	360	mm ▾	长度	数字
8	x	r*cos(theta*n)	10	mm ▾	长度 ▾	数字
9	y	r*sin(theta*n)	-2···	mm ▾	长度 ▾	数字
10	z	p*n*t	20	mm ▾	长度 ▾	数字

图6-2　步骤（3）的【表达式】对话框内容

（4）单击"确定"按钮，退出【表达式】对话框。

（5）单击"菜单｜插入｜曲线｜规律曲线"命令，在弹出的【规律曲线】对话框中，对"规律类型"选择"根据方程"选项，把"参数"值设为 t、对应的"函数"值分别设为 x、y、z，如图6-3所示。

（6）先按 Enter 键，再单击"确定"按钮，创建螺旋曲线，如图6-4所示。

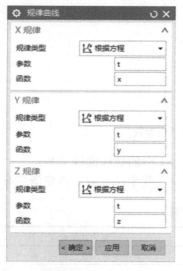

图6-3　设置【规律曲线】对话框参数

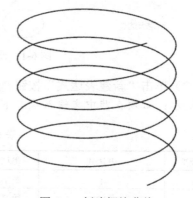

图6-4　创建螺旋曲线

（7）单击"菜单｜插入｜草图"命令，在【创建草图】对话框中以 XC-ZC 平面为草绘平面、X 轴为水平参考线。单击"确定"按钮，进入草图环境。

（8）单击"菜单｜插入｜草图曲线｜矩形"命令，在弹出的【矩形】对话框中单击"从中心"按钮，如图6-5所示。

（9）以螺旋曲线的端点为矩形中心，绘制1个矩形截面（4mm×2mm），如图6-6所示。

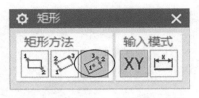

图 6-5　单击"从中心"按钮

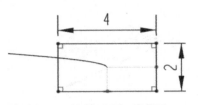

图 6-6　绘制 1 个矩形截面

（10）单击"菜单 | 插入 | 扫掠（W）| 扫掠（S）"命令，选择矩形作为截面曲线、螺旋曲线作为引导曲线。

（11）在【扫掠】对话框的"定位方法"区域，对"方向"选择"固定"选项。

（12）单击"确定"按钮，生成 1 个扫掠实体，但这个实体已变形，如图 6-7 所示。

（13）在【扫掠】对话框的"定位方法"区域，对"方向"选择"强制方向"选项、"指定矢量"选择"ZC↑"选项。

（14）单击"确定"按钮，生成 1 个扫掠实体，方向符合要求，但实体的棱线上有 1 个圆角，如图 6-8 所示。

（15）在【扫掠】对话框中，勾选"✔保留形状"复选框，生成的实体轮廓分明，符合要求，如图 6-9 所示。

图 6-7　实体已变形　　　　图 6-8　棱线上有 1 个圆角　　　　图 6-9　实体轮廓分明

（16）单击"保存"按钮，保存文档。

2. 波浪碟

（1）启动 UG 12.0，单击"新建"按钮，单击"菜单 | 插入 | 草图"命令，以 *XC-YC* 平面为草绘平面、*X* 轴为水平参考线，以原点为圆心，绘制第 1 个圆形截面（ϕ100mm），如图 6-10 所示。

（2）绘制完毕，单击"确定"按钮。

（3）单击"菜单 | 插入 | 曲面 | 有界平面"命令，选择第 1 个圆形截面，创建有界平面，如图 6-11 所示。

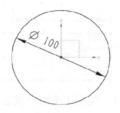

图 6-10　绘制第 1 个圆形截面

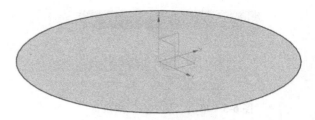

图 6-11　创建有界平面

（4）单击"菜单｜插入｜基准/点｜基准平面"命令，在弹出的【基准平面】对话框中，对"类型"选择"按某一距离"选项，把"距离"值设为 20mm，如图 6-12 所示。

（5）选择 *XC-YC* 平面，创建基准平面，如图 6-13 所示。

图 6-12　设置【基准平面】对话框

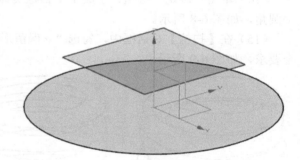

图 6-13　创建基准平面

（6）单击"菜单｜插入｜草图"命令，以上一步骤创建的基准平面为草绘平面、*X* 轴为水平参考线，以原点为圆心，绘制第 2 个圆形截面（φ200mm），如图 6-14 所示。

（7）绘制完毕，单击"确定"按钮。

（8）单击"菜单｜插入｜网格曲面｜通过曲线组"命令，以 φ200mm 的圆形截面作为截面曲线 1，在【通过曲线组】对话框中单击"添加新集"按钮，然后选择 φ100mm 的圆形截面作为截面曲线 2。

（9）在【通过曲线组】对话框中，对"体类型"选择"片体"选项。单击"确定"按钮，创建曲线组曲面，如图 6-15 所示。其中，曲线组曲面和有界平面之间没有约束关系。

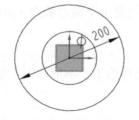

图 6-14　绘制第 2 个圆形截面

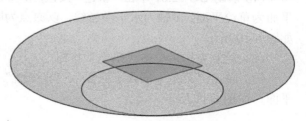

图 6-15　创建曲线组曲面

（10）双击 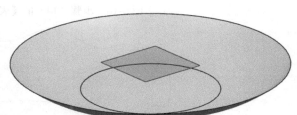 选项，在【通过曲线组】对话框中，对"最后一个截面"选择"G1（相切）"选项，如图 6-16 所示。

（11）选择有界平面，单击"确定"按钮，曲线组曲面与有界平面相切，如图 6-17 所示。

图 6-16 对"最后一个截面"选择
"G1（相切）"选项

图 6-17 曲线组曲面与有界平面相切

（12）单击"菜单｜工具｜表达式"命令，在弹出的【表达式】对话框中的"名称"一栏输入"t"、"公式"栏中输入"1"，对"量纲"选择"无单位"选项、"类型"选择"数字"选项，如图 6-1 所示。

（13）按上述方式，依次输入表 6-2 中的波浪曲线参数。

表 6-2 波浪曲线参数

名称	表达式	类型	量纲	表达式的含义
t	1	数字	无单位	系统变量，变化范围：0~1
r	200	数字	长度	圆弧半径
a	10	数字	长度	波峰
x	r*cos（360*t）	数字	长度	曲线上任一点的 x 坐标
y	r*sin（360*t）	数字	长度	曲线上任一点的 y 坐标
z	80+a*sin（360*t*10）	数字	长度	曲线上任一点的 z 坐标

（14）输入参数后，【表达式】对话框内容如图 6-18 所示，单击"确定"按钮，退出【表达式】对话框。

（15）单击"菜单｜插入｜曲线｜规律曲线"命令，在【规律曲线】对话框中，对"规律类型"选择"根据方程"选项，把"参数"值设为 t，"函数"对应值分别设为 x、y、z，参考图 6-3。

（16）单击"确定"按钮，创建波浪曲线，如图 6-19 所示。

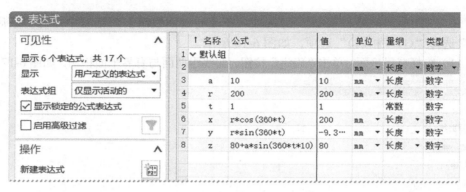

图 6-18　步骤（14）的【表达式】对话框内容

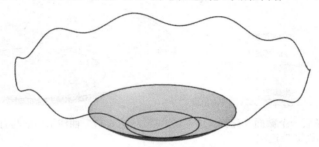

图 6-19　创建波浪曲线

（17）单击"菜单｜插入｜网格曲面｜通过曲线组"命令，选择 ϕ200mm 的截面作为截面曲线 1，在【通过曲线组】对话框中单击"添加新集"按钮 ，选择波浪曲线作为截面曲线 2。

（18）在【通过曲线组】对话框中，对"体类型"选择"片体"选项、"第一个截面"选择"G1（相切）"选项、"最后一个截面"选择"G0（位置）"选项。

（19）选择第 1 个曲线组曲面（选择 3 次），单击"确定"按钮，创建第 2 个曲线组曲面。两个曲线组曲面相切，如图 6-20 所示。

（20）单击"菜单｜插入｜组合｜缝合"命令，把 3 个曲面缝合在一起。

（21）单击"菜单｜插入｜偏置/缩放｜加厚"命令，在弹出的【加厚】对话框中，把"偏置 1"值设为 2mm。

（22）选择曲面，单击"确定"按钮，创建加厚特征。

（23）按住键盘上的 Ctrl+W 组合键，在【显示和隐藏】对话框中单击"片体"、"草图"和"曲线"选项所对应的"－"符号，如图 6-21 所示。

（24）单击"保存"按钮 ，保存文档。

3. 渐开线齿轮

（1）启动 UG 12.0，单击"新建"按钮 ，在弹出的【新建】对话框中，把"单位"设为"毫米"，选择"模型"模块，把"名称"设为"齿轮.prt"。

图 6-20　两个曲线组曲面相切　　　图 6-21　单击"片体"、"草图"和"曲线"所对应的"－"符号

（2）单击"确定"按钮，进入建模环境。

（3）单击"菜单丨工具丨表达式"命令，在弹出的【表达式】对话框中，依次输入表 6-3 中的齿轮各项参数。

表 6-3　齿轮各项参数

名称	公式	类型	量纲	参数的含义
m	3	数字	无单位	模数
zm	20	数字	无单位	齿数
Alpha	15	数字	角度	压力角
d	zm*m	数字	长度	分度圆直径
da	（zm+2.5）*m	数字	长度	齿顶圆直径
db	zm*m*cos（Alpha）	数字	长度	齿基圆直径
df	（zm-2.5）*m	数字	长度	齿根圆直径

（4）输入参数后，【表达式】对话框内容如图 6-22 所示，单击"确定"按钮。

图 6-22　步骤（4）的【表达式】对话框内容

（5）单击"草图"按钮，以 *XC-YC* 平面为草绘平面、*X* 轴为水平参考线，以原点为圆心任意绘制 1 个圆形截面，如图 6-23 所示。

（6）双击尺寸数据值，把尺寸数值改为"d"，如图 6-24 所示。

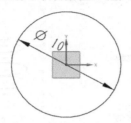

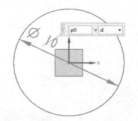

图 6-23　任意绘制 1 个圆形截面　　　　　　图 6-24　把尺寸数值改为"d"

（7）按 Enter 键确认，圆弧的直径尺寸标注变为ϕ60mm，如图 6-25 所示。

（8）单击"完成"按钮，绘制第 1 个草图。

（9）用相同的方法，创建其余 3 个草图。要求每个草图中只有 1 个圆，圆弧直径分别是 da、db、df。所绘制的 4 个同心圆如图 6-26 所示。

注意：4 个同心圆在不同的草图中。

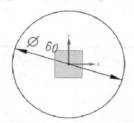

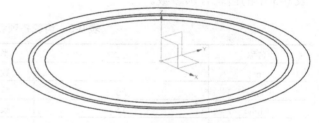

图 6-25　圆弧的直径尺寸标注　　　　　　　图 6-26　4 个同心圆

（10）单击"菜单｜工具｜表达式"命令，在弹出的【表达式】对话框中添加表 6-4 中的渐开线各项参数。

表 6-4　渐开线各项参数

名称	公式	类型	量纲	备注
t	1	数字	无单位	系统变量，范围为 0～1
theta	40*t	数字	角度	渐开线展开角度
xx	db*cos（theta）/2+theta*pi（）/360*db*sin（theta）	数字	长度	渐开线上任意点 *x* 坐标
yy	db*sin（theta）/2-theta*pi（）/360*db*cos（theta）	数字	长度	渐开线上任意点 *y* 坐标
zz	0	数字	长度	渐开线上任意点 *z* 坐标

（11）单击"菜单｜插入｜曲线｜规律曲线"命令，在【规律曲线】对话框中，对"规律类型"选择"根据方程"选项，把"参数"值设为 *t*，对应的"函数"值分别设为 *xx*、*yy*、*zz*，如图 6-27 所示。

（12）单击"确定"按钮，绘制 1 条渐开线，如图 6-28 所示。

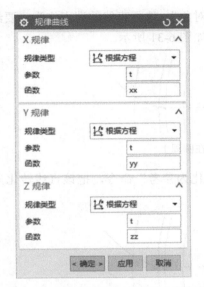

图 6-27 设置【规律曲线】对话框参数

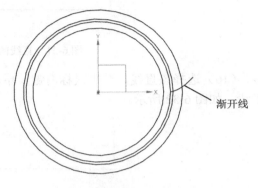

渐开线

图 6-28 绘制 1 条渐开线

（13）单击"草图"按钮 ，以 *XC-YC* 平面为草绘平面、*X* 轴为水平参考线，以原点为端点，第 2 个端点在渐开线上，绘制 1 条直线，如图 6-29 所示。

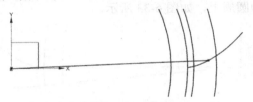

图 6-29 步骤（13）绘制的 1 条直线

（14）单击"菜单 | 插入 | 草图约束 | 几何约束"命令，在弹出的【几何约束】对话框中单击"点在曲线上"按钮 ，如图 6-30 所示。

图 6-30 单击"点在曲线上"按钮

（15）从外往里选择第 2 个圆作为"要约束的对象"，选择直线的端点作为"要约束到的对象"，把直线的端点落在该圆的圆周上，如图 6-31 所示。

图 6-31　直线的端点落在圆周上

（16）选择该直线，单击鼠标右键，单击"转化为参考"命令，把该直线转化为参考线，如图 6-32 所示。

图 6-32　直线转化为参考线

（17）单击"菜单｜插入｜草图曲线｜直线"命令，以原点为起点，绘制 1 条直线，该直线的端点在最外的圆周上，如图 6-33 所示。

图 6-33　步骤（17）绘制的 1 条直线

（18）单击"菜单｜插入｜草图约束｜尺寸｜角度"命令，标注上述步骤创建的两条直线的夹角，并在【角度尺寸】对话框中输入"360/zm/2/2"，如图 6-34 所示。

（19）单击"确定"按钮，两条直线夹角变为 4.5°，如图 6-35 所示。

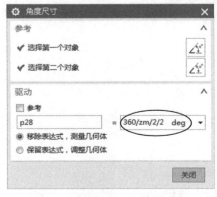

图 6-34　【角度尺寸】对话框

图 6-35　两条直线夹角变为 4.5°

（20）单击"完成"按钮，创建 1 条曲线。

（21）单击"菜单｜插入｜基准/点｜基准平面"命令，在弹出的【基准平面】对话框中，对"类型"选择"两直线"，选择 Z 轴和上一步骤创建的直线，创建基准平面，如图 6-36 所示。

（22）单击"菜单｜插入｜派生曲线｜镜像"命令，以所创建的基准平面为镜像平面，创建镜像曲线，如图 6-37 所示。

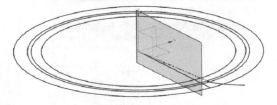

图 6-36　创建基准平面

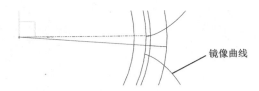

图 6-37　创建镜像曲线

（23）单击"草图"按钮，以 XC-YC 平面为草绘平面、X 轴为水平参考线，在两条渐开线的端点之间绘制两条直线，使之与渐开线相切，如图 6-38 所示。

（24）单击"拉伸"按钮，选择工作区的最大圆作为拉伸曲线，在弹出的【拉伸】对话框中，对"指定矢量"选择"-ZC↓"选项，把"开始距离"值设为 0；在"结束"栏中选择"值"选项，把"距离"值设为 10mm。

（25）单击"确定"按钮后，创建 1 个拉伸体，如图 6-39 所示。

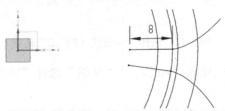

图 6-38　绘制两条直线，使之与渐开线相切

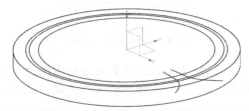

图 6-39　创建 1 个拉伸体

（26）单击"拉伸"按钮，在辅助工具条中选择"单条曲线"选项，单击"在相交处停止"按钮，如图 6-40 所示。

图 6-40　选择"单条曲线"选项，单击"在相交处停止"按钮

（27）在【拉伸】对话框中单击"曲线"按钮，在工作区选择轮齿各段的线段。

（28）在【拉伸】对话框中，对"指定矢量"选择"-ZC↓"选项，把"开始距离"值设为 0，对"结束"选择"贯通"选项；对"布尔"选择"求差"选项。

（29）单击"确定"按钮，创建 1 个齿槽，如图 6-41 所示。

（30）单击"菜单｜插入｜关联复制｜阵列特征"命令，在弹出的【阵列特征】对话框中，对"阵列布局"选择"圆形"选项、"指定矢量"选择"ZC↑"选项。单击"指定点"按钮 ⊞，在【点】对话框中输入（0，0，0），在"间距"栏中选择"数量和节距"选项。

（31）单击"数量"文本框中左侧的下三角形▼，在下拉式菜单中选择"= 公式(F)…"选项，如图6-42所示。

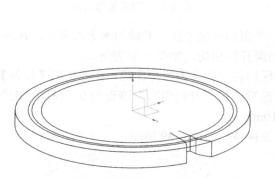

图6-41　创建1个齿槽

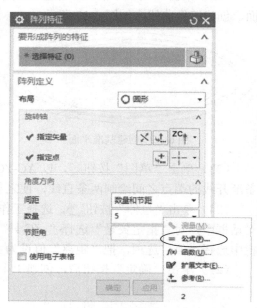

图6-42　选择"＝公式（F）…"选项

（32）在【表达式】对话框中的"公式"一栏输入"zm"，对"量纲"选择"常数"选项、"类型"选择"数字"选项，如图6-43所示。

图6-43　设置【表达式】对话框参数

（33）单击"确定"按钮，在【阵列特征】对话框中的"数量"文本框自动显示"20.0000"，如图6-44所示。

（34）单击"跨角"文本框中左侧的下三角形▼，在快捷菜单中选择"= 公式(F)…"选项。

（35）在【表达式】对话框中的"公式"文本框输入"360/zm"。

（36）单击"确定"按钮，在【阵列特征】对话框中的"节距角"文本框自动显示"18.0000"，如图6-45所示。

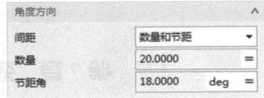

图 6-44　"数量"文本框显示值　　　　　　图 6-45　"节距角"文本框显示值

（37）选择上述步骤创建的切口作为"要形成阵列的特征"，单击"阵列特征"对话框中的"确定"按钮，创建阵列特征，如图 6-46 所示。

（38）按住键盘上的 Ctrl+W 组合键，在【显示和隐藏】对话框中单击"基准"、"曲线"和"草图"对应的"—"符号，把三者全部隐藏。

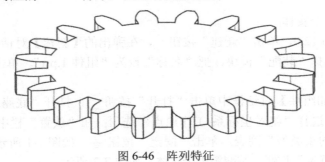

图 6-46　阵列特征

（39）单击"保存"按钮![save]，保存文档。

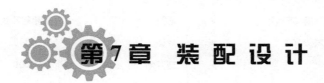

第7章 装配设计

本章对第 3 章习题所创建的实体进行装配，详细介绍 UG 装配设计、装配组件的编辑、装配爆炸图设计的主要操作过程。

1. 装配第 1 个组件

1）装配第 1 个实体

（1）启动 UG 12.0，单击"新建"按钮 ，在弹出的【新建】对话框中，把"单位"设为"毫米"，选择"装配"模块，把"名称"设为"组件 1.prt"。单击"确定"按钮，进入装配环境。

（2）在【添加组件】对话框中单击"打开"按钮 ，打开"底座.prt"零件图。在"装配位置"栏中选择"绝对坐标系-工作原点"选项；在"放置"栏中选择"⦿约束"单选框；展开"约束类型"列表，单击"固定"按钮 ，如图 7-1 所示。

（3）单击"确定"按钮，装配第 1 个实体，如图 7-2 所示。

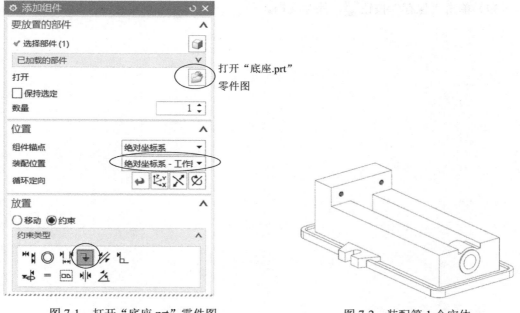

图 7-1　打开"底座.prt"零件图　　　　　　图 7-2　装配第 1 个实体

2）装配第 2 个实体

（1）单击"菜单 | 装配 | 组件 | 添加组件"命令，在弹出的【添加组件】对话框单击"打开"按钮📂，选择"垫块.prt"零件图。

（2）在【添加组件】对话框的"放置"栏中选择"◉ 约束"单选框，展开"约束类型"列表，单击"接触对齐"按钮⌐⌐，在"方位"栏中选择"接触"选项，如图 7-3 所示。

（3）展开"互动选项"列表，勾选"✓预览"和"✓启用预览窗口"复选框，如图 7-4 所示。然后，弹出 1 个"组件预览"小窗口。

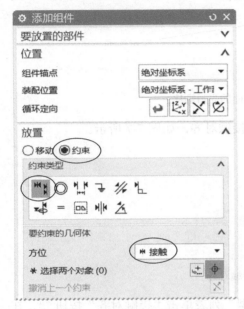

图 7-3　设置【添加组件】对话框参数　　图 7-4　勾选"✓预览"和"✓启用预览窗口"复选框

（4）在【添加组件】对话框中单击"选择两个对象"按钮⊕，按住鼠标中键，调整"组件预览"小窗口中的实体的视角后，先选择"组件预览"小窗口中的实体平面，再选择主窗口中的台钳平面，如图 7-5 所示。

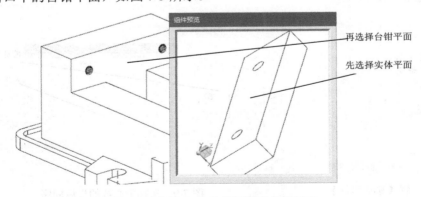

图 7-5　步骤（4）选择平面的先后顺序

（5）单击"应用"按钮，所选择的两个平面接触对齐。

（6）先选择"组件预览"小窗口中的实体的第2个平面，再选择主窗口中的实体的第2个平面，如图7-6所示。

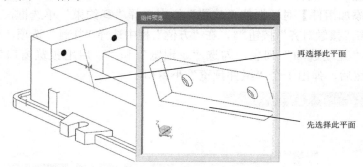

再选择此平面

先选择此平面

图7-6　步骤（6）选择平面的先后顺序

（7）单击"应用"按钮，所选择的两个平面接触对齐，如图7-7所示。

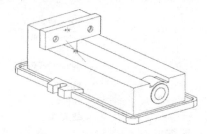

图7-7　两个平面接触对齐

（8）在【添加组件】对话框中，在"约束类型"列表单击"接触对齐"按钮，在"方位"栏中选择"对齐"选项，如图7-8所示。

（9）先选择"组件预览"小窗口实体中孔的中心线，再选择主窗口实体中孔的中心线，如图7-9所示。

图7-8　设置【添加组件】
　　　　对话框参数

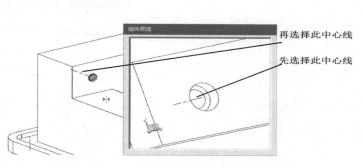

再选择此中心线

先选择此中心线

图7-9　选择中心线的先后顺序

（10）单击"确定"按钮，装配第 2 个实体，如图 7-10 所示。

提示：如果装配不成功，可能是因为小孔到上、下底面的距离不相等。解决方法如下：在图 7-6 中，选择"组件预览"小窗口中的实体的第 2 个底面。

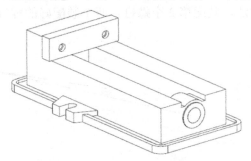

图 7-10　装配第 2 个实体

3）装配第 3 个实体

（1）单击"菜单｜装配｜组件｜添加组件"命令，在弹出的【添加组件】对话框单击"打开"按钮，选择"螺钉.prt"零件图。单击"OK"按钮，弹出"螺钉.prt"的"组件预览"小窗口。

（2）在【添加组件】对话框中，在"约束类型"列表单击"接触对齐"按钮，在"方位"栏中选择"接触"选项。

（3）先选择螺钉的沉头所在平面，再选择主窗口中的垫块沉头孔所在平面，如图 7-11 所示。

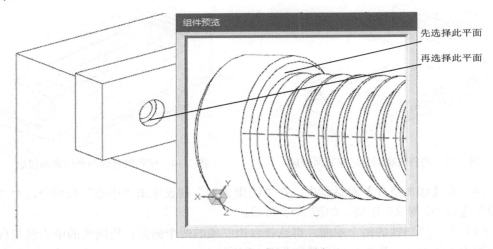

图 7-11　选择平面的先后顺序

（4）单击"应用"按钮。

（5）在【添加组件】对话框中，在"方位"栏中选择"对齐"选项。

（6）先选择螺钉的中心线，再选择沉头孔的中心线。

提示：如果装配符号的颜色变成红色，可单击【添加组件】对话框中的"反向"按钮⊠，装配符号变成蓝色。

（7）单击"确定"按钮，装配第3个实体。

（8）采用相同的方法，装配第2个螺钉。两个装配好的螺钉如图7-12所示。

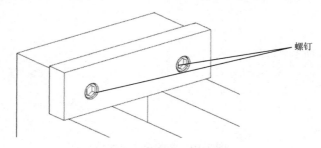

图7-12　两个装配好的螺钉

4）装配第4个实体

（1）单击"菜单｜装配｜组件｜添加组件"命令，在弹出的【添加组件】对话框单击"打开"按钮，选择"码铁.prt"零件图。单击"OK"按钮，弹出"码铁 prt"的"组件预览"小窗口。

（2）在【添加组件】对话框中，在"约束类型"列表单击"接触对齐"按钮，在"方位"栏中选择"接触"选项，使码铁底面与底座表面接触，如图7-13所示。

（3）使码铁背面与垫块表面接触，如图7-14所示。

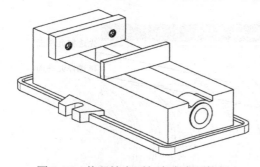 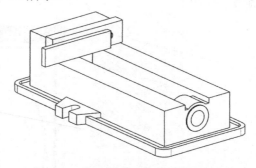

图7-13　使码铁底面与底座表面接触　　　　图7-14　使码铁背面与垫块表面接触

（4）在【添加组件】对话框中，在"约束类型"列表单击"中心"按钮，对"子类型"选择"2对2"选项，如图7-15所示。

（5）先选择码铁的两个端面，再选择台钳底座的两个侧面，使码铁的中心线与台钳底座的中心线对齐，装配好的码铁如图7-16所示。

5）装配第5个实体

（1）单击"菜单｜装配｜组件｜添加组件"命令，在弹出的【添加组件】对话框单击"打开"按钮，选择"螺杆.prt"零件图。单击"OK"按钮，弹出"螺杆.prt"的"组件预览"小窗口。

图 7-15 对"子类型"选择"2 对 2"选项

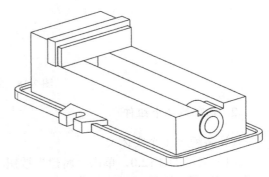

图 7-16 装配好的码铁

（2）在【添加组件】对话框中，在"约束类型"列表单击"接触对齐"按钮，在"方位"栏中选择"接触"选项。

（3）先选择螺杆的基准线，再选择主窗口中的实体的基准线，如图 7-17 所示。

（4）先选择螺杆的基准平面，再选择主窗口中的实体的基准平面，如图 7-17 所示

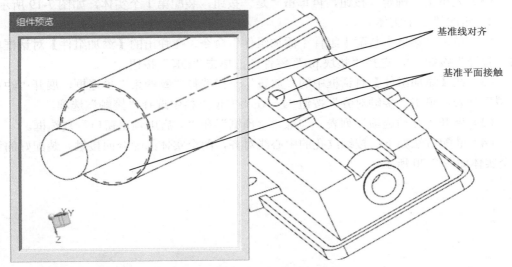

图 7-17 基准线对齐和基准平面接触

（5）螺杆装配图如图 7-18 所示。

（6）单击"保存"按钮 ，保存文档。

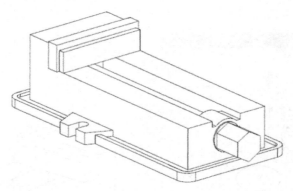

图 7-18　螺杆装配图

2. 装配第 2 个组件

1）装配第 1 个实体

（1）启动 UG 12.0，单击"新建"按钮，在弹出的【新建】对话框中，把"单位"设为"毫米"，选择"装配"模块，把"名称"设为"组件 2.prt"。单击"确定"按钮，进入装配环境。

（2）在【添加组件】对话框中单击"打开"按钮，打开"推板.prt"零件图。在"装配位置"栏中选择"绝对坐标系-工作原点"选项，在"放置"栏中选择"⊙约束"单选框。展开"约束类型"列表，单击"固定"按钮。

（3）先单击"确定"按钮，再单击"是"按钮，装配第 1 个实体，如图 7-19 所示。

2）装配第 2 个实体

（1）单击"菜单｜装配｜组件｜添加组件"命令，在弹出的【添加组件】对话框单击"打开"按钮，选择"垫块.prt"零件图，单击"OK"按钮。

（2）在【添加组件】对话框中的"放置"一栏选择"⊙约束"单选框，展开"约束类型"列表，单击"接触对齐"按钮，在"方位"栏中选择"接触"选项。

（3）展开"互动选项"列表，勾选"✓预览"和"✓启用预览窗口"复选框。

（4）装配方法如下：按螺纹孔的中心线对齐，两个实体的配合面接触。装配好的第 2 个实体如图 7-20 所示。

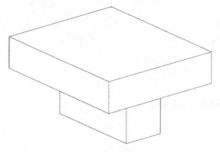

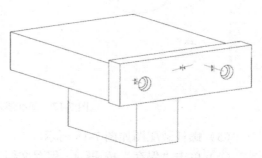

图 7-19　装配第 1 个实体　　　　　图 7-20　装配好的第 2 个实体

3）装配第 3 个实体

（1）单击"菜单｜装配｜组件｜添加组件"命令，在【添加组件】对话框单击"打开"按钮 ，选择"螺钉.prt"零件图，单击"OK"按钮。

（2）按照组件 1 中装配螺钉的方法，装配组件 2 中的螺钉，如图 7-21 所示。

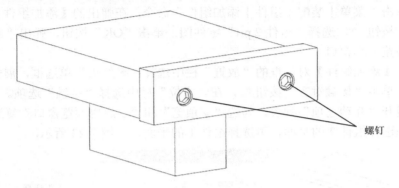

图 7-21　装配组件 2 中的螺钉

4）装配第 4 个实体。

（1）单击"菜单｜装配｜组件｜添加组件"命令，在弹出的【添加组件】对话框单击"打开"按钮 ，选择"码铁.prt"，单击"OK"按钮。

（2）按照第 1 个组件中装配码铁的方式进行装配，组件 2 码铁装配如图 7-22 所示。

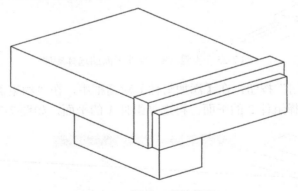

图 7-22　组件 2 码铁装配

（3）单击"保存"按钮 ，保存文档。

3．装配总装图

（1）启动 UG 12.0，单击"新建"按钮 ，在弹出的【新建】对话框中，把"单位"设为"毫米"，选择"装配"模块，把"名称"设为"台钳.prt"。单击"确定"按钮，进入装配环境。

（2）在【添加组件】对话框中单击"打开"按钮 ，选择"组件 1.prt"零件图。

（3）在【添加组件】对话框中，在"装配位置"栏中选择"绝对坐标系-工作原点"选项，在"放置"栏中选择"◉约束"单选框。展开"约束类型"列表，单击"固定"按钮⊥。

（4）先单击"确定"按钮，再单击"是"按钮，装配组件1。

（5）单击"菜单｜装配｜组件｜添加组件"命令，在弹出的【添加组件】对话框单击"打开"按钮📂，选择"组件2.prt"零件图。单击"OK"按钮，弹出"组件2.prt"的"组件预览"小窗口。

（6）在【添加组件】对话框的"放置"栏中选择"◉约束"单选框，展开"约束类型"列表，单击"接触对齐"按钮⋈，在"方位"栏中选择"接触"选项。

（7）展开"互动选项"列表，勾选"✓预览"和"✓启用预览窗口"复选框。

（8）先选择组件2的平面，再选择组件1的平面，如图7-23所示。

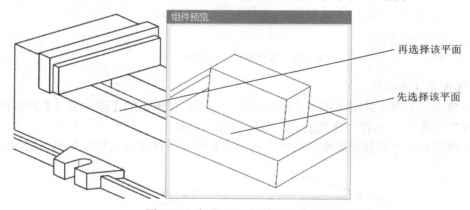

图7-23　步骤（8）组件平面的选择顺序

（9）单击"应用"按钮，在【添加组件】对话框中，在"约束类型"列表单击"距离"按钮⋈，先选择组件2的平面，再选择组件1的平面，如图7-24所示。

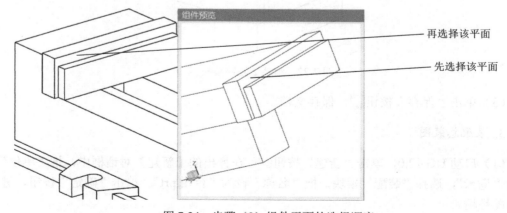

图7-24　步骤（9）组件平面的选择顺序

（10）在【添加组件】对话框中，把"距离"值设为 80mm，如图 7-25 所示。

（11）在【添加组件】对话框中的"约束类型"列表单击"中心"按钮⽔，对"子类型"选择"2 对 2"选项。设置完毕，先选择组件 2 的两个侧面，再选择组件 1 的两个侧面。

（12）单击"确定"按钮，使组件 2 的中心线与组件 1 的中心线对齐。总装图如图 7-26 所示。

图 7-25　把"距离"值设为 80mm

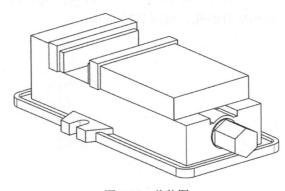

图 7-26　总装图

（13）按住键盘上的 Ctrl+W 组合键，在【显示和隐藏】对话框中单击"基准平面"对应的"–"符号，即可隐藏基准平面。

4. 修改实体

（1）在总装图上，选择"推板.prt"实体。单击鼠标右键，在快捷菜单中单击"设为工作部件"命令，如图 7-27 所示。

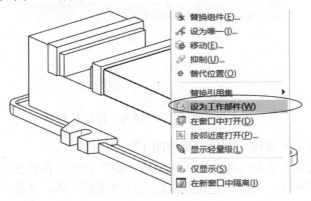

图 7-27　单击"设为工作部件"命令

（2）单击"菜单｜插入｜组合｜减去"命令，选择推板作为目标体。在工作区左上角选择"整个装配"选项，如图7-28所示，选择螺杆作为工具体。

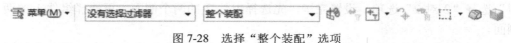

图7-28　选择"整个装配"选项

（3）单击"确定"按钮，创建减去特征。

（4）在总装图上，选择"螺杆.prt"零件图。单击鼠标右键，在快捷菜单中单击"设为工作部件"命令。

（5）在总装图上，选择"推板.prt"零件图。单击鼠标右键，在快捷菜单中单击"在窗口中打开"命令。打开"推板.prt"零件图。可以看出，在推板实体上创建了1个与螺杆相配合的孔，如图7-29所示。

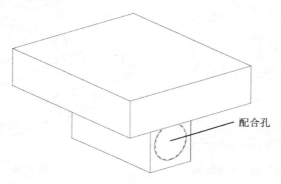

配合孔

图7-29　创建与螺杆相配合的孔

5. 创建爆炸图

（1）打开台钳.prt装配图。

（2）单击"菜单｜装配｜爆炸图｜新建爆炸图"命令，在弹出的【新建爆炸图】对话框中，把"名称"设为"爆炸图1"，如图7-30所示。

图7-30　把"名称"设为"爆炸图1"

（3）单击"确定"按钮，创建"爆炸图1"。

（4）单击"菜单｜装配｜爆炸图｜编辑爆炸图"命令，在弹出的【编辑爆炸图】对话框选择"◉选择对象"单选框，在装配图上选择推板实体，选择"◉移动对象"单选框，选择坐标系Z轴上的箭头。然后，在【编辑爆炸图】对话框中输入偏移距离：150mm。

（5）单击"确定"按钮，移动推板实体。

（6）采用相同的方法，移动其他实体，如图 7-31 所示。

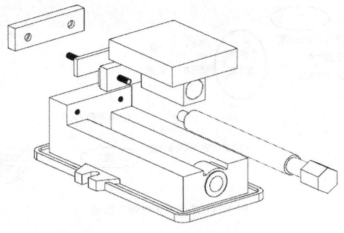

图 7-31　移动其他实体

（7）隐藏爆炸图：单击"菜单 | 装配 | 爆炸图 | 隐藏爆炸图"命令，爆炸图恢复成装配形式。

（8）显示爆炸图：单击"菜单 | 装配 | 爆炸图 | 显示爆炸图"命令，装配图分解成爆炸形式。

6. 删除爆炸图

（1）在横向菜单的空白处单击鼠标右键，在快捷菜单中单击"装配"命令，如图 7-32 所示。

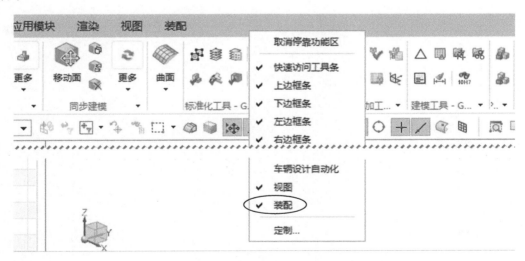

图 7-32　单击"装配"命令

（2）在横向菜单中单击"装配"选项卡，对"爆炸图"选择"无爆炸"选项，如图 7-33 所示。

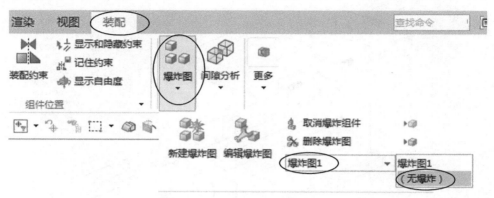

图 7-33   选择"无爆炸"选项

（3）单击"菜单｜装配｜爆炸图｜删除爆炸图"命令，单击"确定"按钮，即可删除所选择的爆炸图。

（4）单击"保存"按钮█，保存文件。

第8章 UG 12.0 工程图设计

本章以第 7 章的装配图为例，详细地介绍创建 UG 12.0 工程图的图框、标题栏的制作过程，以及创建视图、编辑视图、尺寸标注、注释、制作明细表的方法。

1. 创建自定义工程图图框模板

（1）启动 UG 12.0，单击"新建"按钮，在弹出的【新建】对话框中，把"单位"设为"毫米"，选择"模型"模块，把"名称"设为"muban.prt"。单击"确定"按钮，进入建模环境。

（2）在横向菜单中单击"应用模块"选项卡，在工具栏中单击"制图"按钮。在【图纸页】对话框中，对"大小"选择"⦿定制尺寸"单选框，把"高度"值设为 841mm、"长度"值设为 1189mm、"比例"值设为 1：1。在"单位"栏中选择"⦿毫米"单选框，在"投影"栏中单击"第一角投影"按钮，如图 8-1 所示。

（3）单击"确定"按钮，进入制图环境。

（4）单击"菜单｜首选项｜可视化"命令，在【可视化首选项】对话框中选择"颜色/字体"选项卡，把"背景"设为白色，如图 8-2 所示。

图 8-1　设置【图纸页】对话框参数

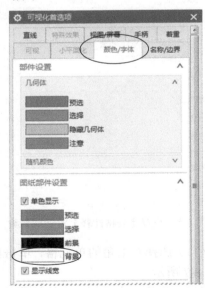

图 8-2　把"背景"设为白色

（5）单击"确定"按钮，把工作区的背景视为白色。

（6）单击"菜单｜插入｜草图曲线｜矩形"命令，在弹出的【矩形】对话框中选择"按2点" □ 及"坐标式" XY 图标，如图8-3所示。

（7）输入矩形顶点坐标（0，0），按Enter键，输入矩形的宽度值和高度值，如图8-4所示。

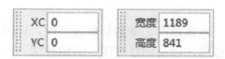

<table>
<tr><td>XC 0</td><td>宽度 1189</td></tr>
<tr><td>YC 0</td><td>高度 841</td></tr>
</table>

图8-3　选择矩形创建方式　　　　　图8-4　输入矩形顶点坐标及宽度和高度

（8）先单击鼠标左键，再单击鼠标右键，在快捷菜单中选择"完成草图"图标🏁，创建1个矩形。如果出现尺寸标注，可以直接按键盘上的Delete键删除。

（9）单击"菜单｜插入｜表｜表格注释"命令，在弹出的【表格注释】对话框中，对"描点"选择"右下"选项，把"列数"值设为6、"行数"值设为5、"列宽"值设为20.000（单位：mm），如图8-5所示。

（10）在工作区选择图框的右下角，创建第1个表格（6列×5行），如图8-6所示。

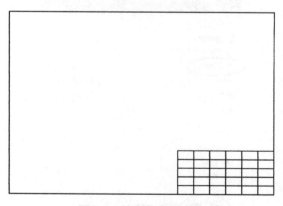

图8-5　设置【表格注释】对话框参数　　　　图8-6　绘制第1个表格

（11）选择左上角的单元格，单击鼠标右键，在快捷菜单中单击"选择→列"命令，如图8-7所示。

（12）再次右击该列，在快捷菜单中单击"调整大小"命令，把列宽设为10mm。

（13）采用相同的方法，调整其他列宽和行高，如图8-8所示。

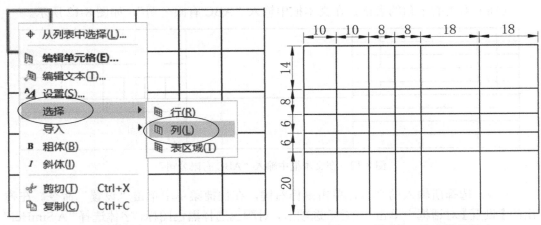

图 8-7 单击"选择→列"命令　　　　　　图 8-8 修改第 1 个表格的尺寸

（14）选择左下角的单元格，按住鼠标左键，往右移动光标到右下角的单元格，选择最后一行。

（15）单击鼠标右键，在快捷菜单中单击"合并单元格"命令，最后一行的单元格被合并为 1 个单元格，如图 8-9 中的粗线框所示。

（16）采用相同的方法，合并其他单元格，合并单元格后的表格如图 8-10 所示。

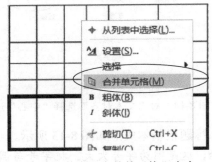
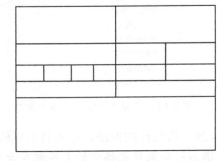

图 8-9 单击"合并单元格"命令　　　　　　图 8-10 合并单元格后的表格

（17）采用相同的方法，创建第 2 个表格（1 列×2 行）和第 3 个表格（5 列×9 行）。两个表格的尺寸如图 8-11 所示。

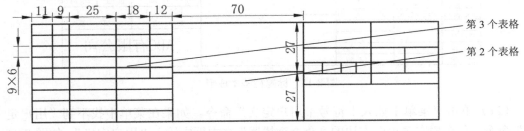

图 8-11 两个表格的尺寸

（18）双击右下角的表格，在文本框中输入"ABC 有限公司"，如图 8-12 所示。

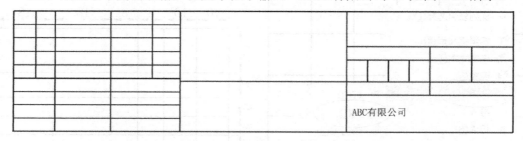

图 8-12　在文本框中输入"ABC 有限公司"

（19）选择所输入的文本，单击鼠标右键，在快捷菜单中单击"设置"命令。在弹出的【设置】对话框中单击"文字"选项卡，对颜色选择黑色图标、字体选择"A SimHei"选项，把"高度"值设为 6.0000（单位：mm），如图 8-13 所示。在"单元格"选项卡中，对"文本对齐"选择"中心"选项，如图 8-14 所示。

图 8-13　设置"文字"选项卡参数

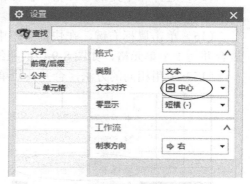

图 8-14　对"文本对齐"选择"中心"选项

（20）用同样的方法，输入其余表格的文本，标题栏基本成形如图 8-15 所示。

提示：如果单元格中的文字被显示为######，这是因为字号太大。把字号与调小，即可正常显示。

					投 影 方 向		
					图 样 标 记	重 量	比 例
标记	处数	更改文件号	签 字	日 期			
设	计				共　　页	第　　页	
校	对						
审	核				ABC有限公司		
批	准						

图 8-15　标题栏基本成形

（21）单击"菜单｜插入｜符号｜用户定义"命令。如果在菜单中找不到"用户定义"命令，可在横向菜单中右边的"命令查找器"文本框中输入"用户定义"，如图 8-16 所示。

图 8-16　输入"用户定义"

（22）按 Enter 键确认，在【命令查找器】对话框中选择"用户定义符号"选项，如图 8-17 所示。注意：在有的计算机上显示的名称是"User Defined Symbol"。

（23）在【用户定义符号】对话框中的"使用的符号来自于"一栏选择"实用工具目录"选项，在小窗口中选择"1STANG"选项。对"符号大小定义依据"选择"长度和高度"选项，把"长度"值设为 20 mm、"高度"值设为 10 mm，选择"独立的符号"图标，如图 8-18 所示。

图 8-17　选择"用户定义符号"选项

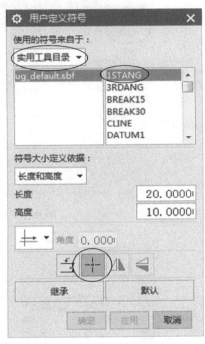

图 8-18　设置【用户定义符号】对话框参数

（24）把投影符号放到指定的单元格中，如图 8-19 所示。

						投影方向		
						图样标记	重量	比例
标记	处数	更改文件号	签字	日期		共　　页	第　　页	
设计								
校对						ABC有限公司		
审核								
批准								

图 8-19　把投影符号放到指定的单元格中

（25）把文件保存到\UG 12.0\LOCALIZATION\prc\simpl_chinese\startup 文件夹中。

2. 创建自定义模板的快捷方式

（1）单击"菜单｜首选项｜资源板"命令，在【资源板】对话框中单击"新建资源板"按钮，如图 8-20 所示。

（2）在左侧工具条下方出现 1 个"新建资源板"的快捷图标，如图 8-21 左侧所示。

（3）在工作区左边的空白处单击鼠标右键，在快捷菜单中，单击"新建条目｜图纸页模板"命令，如图 8-21 所示。

（4）选择 muban.prt 文件，把该文件作为模板图标挂在绘图区左边，如图 8-22 所示。

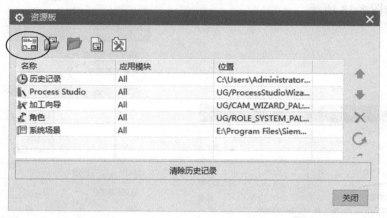

图 8-20　单击"新建资源板"按钮

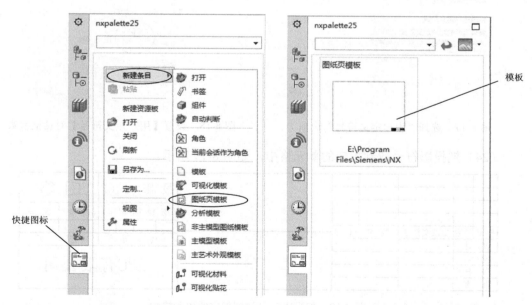

图 8-21　创建快捷图标和单击
"新建条目｜图纸页模板"命令

图 8-22　把所选文件作为模板图标挂
在绘图区左边

（5）单击"文件 | 首选项 | 资源板"命令，在弹出的【资源板】对话框中选择所创建的资源板，单击"属性"按钮，如图 8-23 所示。

（6）在【资源板属性】对话框中的"名称"一栏输入"ABC 有限公司"，如图 8-24 所示。

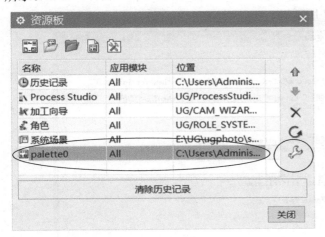

图 8-23　设置【资源板】对话框参数

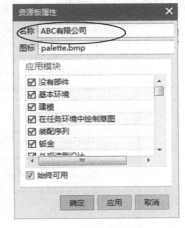

图 8-24　输入"ABC 有限公司"

（7）单击"确定"按钮，在快捷模板中添加了模板名称，如图 8-25 所示。

（8）先打开"底座.prt"零件图，再把工程图模板图标直接拖入绘图区，完成图框调用，如图 8-26 所示，系统立即切换成工程图模式。

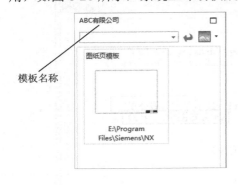

图 8-25　添加模板名称

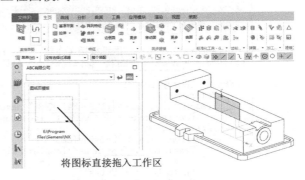

图 8-26　完成图框调用

（9）在工具栏中单击"视图创建向导"按钮，在弹出的【视图创建向导】对话框中单击"下一步|下一步|前视图|下一步"命令，把前视图放在图框中的适当位置，即可开始创建工程图。

3. 在【新建】对话框中加载自定义图框模板

（1）把 muban.prt 复制到安装目录下的\UG 12.0\LOCALIZATION\prc\simpl_chinese\ startup 文件夹中。

（2）复制安装目录下的\UG 12.0\LOCALIZATION\prc\simpl_chinese\startup 文件夹中的 ugs_drawing_templates_simpl_chinese.pax 文件，粘贴在同 1 个目录下，并把粘贴后的文件改名为 my_ugs_drawing_templates_simpl_chinese.pax。

（3）用记事本打开 my_ugs_drawing_templates_simpl_chinese.pax 文件，保留部分内容，其余部分全部删除，如图 8-27 所示。

图 8-27　保留部分内容，其余部分全部删除

（4）修改文本中所标示的内容，如图 8-28 所示。

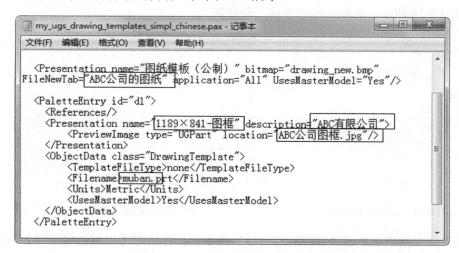

图 8-28　修改文本中所标示的内容

（5）保存并退出。注意：保存后的扩展名是 pax。

（6）用 Windows 自带的画图软件，打开 drawing_noviews_template.jpg 文件，在图案中输入"ABC 有限公司"，如图 8-29 所示。

（7）把该图片文件另存为"ABC 公司图框.jpg"。

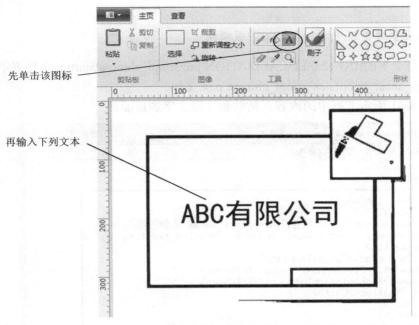

图 8-29 输入 "ABC 有限公司"

（8）重新启动 UG 12.0，单击 "新建" 按钮 📄，在弹出的【新建】对话框中出现 "ABC公司的图纸" 选项卡。该选项卡与 my_ugs_drawing_templates_simpl_chinese.pax 文件的对应关系如图 8-30 所示。

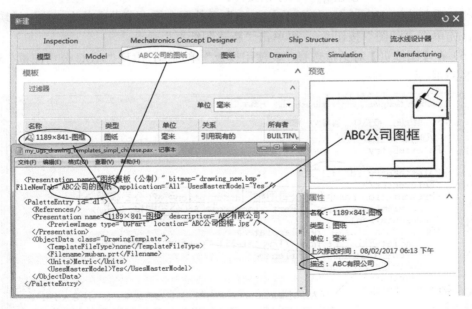

图 8-30 对应关系

4. 在【图纸页】对话框中增加自定义图框模板

（1）在安装目录下的\UG 12.0\LOCALIZATION\prc\simpl_chinese\startup 文件夹中，用记事本打开 ugs_sheet_templates_simpl_chinese.pax 文件。

（2）复制图 8-31 所示方框中的内容，粘贴到这段文字的后面。

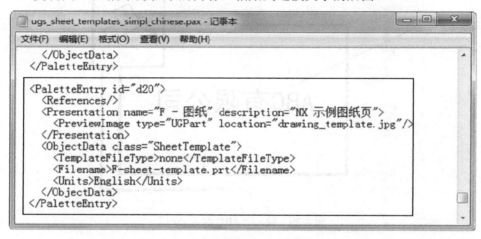

图 8-31　复制并粘贴到这段文字的后面

（3）对复制并粘贴后的内容进行修改（请注意字母的大小写），如图 8-32 所示。

（4）单击"保存"按钮，保存该文件。

（5）重新启动 UG 12.0，打开"底座.prt"零件图在横向菜单中单击"应用模块"选项卡，先单击"制图"按钮，再单击"新建图纸页"命令。

（6）在【图纸页】对话框选择"◉ 使用模板"单选框，出现"ABC 公司图框"选项，如图 8-33 所示。

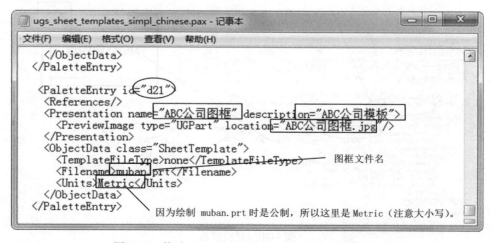

图 8-32　修改 ugs_sheet_templates_simpl_chinese.pax

图 8-33 出现"ABC 公司图框"选项

5. 创建基本视图

（1）启动 UG 12.0，单击"新建"按钮。在弹出的【新建】对话框中单击"图纸"选项卡，对"关系"选择"引用现有部件"选项，把"单位"设为"毫米"。选择"A0++－无视图"选项，在"新文件"栏中，把"名称"设为"gct.prt"；在"要创建图纸的部件"栏中选择"台钳"，如图 8-34 所示。

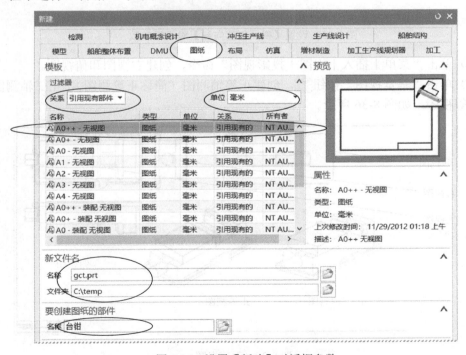

图 8-34 设置【新建】对话框参数

▶▶▶▶▶▶

（2）单击"确定"按钮，在【视图创建向导】对话框中单击"下一步"按钮。

（3）单击"选项"选项卡，在"视图边界"栏中选择"手动"选项，取消"口自动缩放至适合窗口"复选框中的"√"，把"比例"值设为"1∶1"；勾选"√处理隐藏线"、"√显示中心线"和"√显示轮廓线"复选框；对"预览样式"选择"隐藏线框"选项，如图8-35所示。

（4）单击"下一步"按钮，在"模型视图"框中选择"俯视图"选项。

（5）单击"下一步"按钮，在"布局"选项卡的"放置选项"一栏选择"手工"选项，在图框中的适当位置放置视图，即可创建主视图。

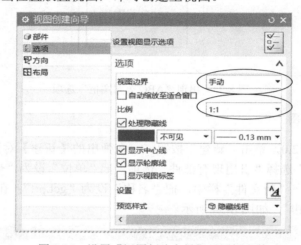

图8-35　设置【视图创建向导】对话框参数

（6）单击"菜单｜插入｜视图｜投影视图"命令，创建右视图和俯视图。

（7）单击"基本视图"按钮，创建正等轴测图（简称正等测图）、正三轴测图和仰视图等视图，如图8-36所示。

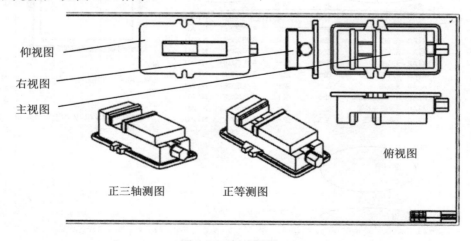

图8-36　创建视图

（8）按住键盘上的 Ctrl+W 组合键，在【显示和隐藏】对话框中单击"基准平面"和"图纸对象"对应的"−"符号，可以隐藏工程图中的基准轴和基准平面。

6. 创建断开的剖视图

（1）单击"菜单│插入│视图│基本"命令，在【基本视图】对话框中单击"打开"按钮，打开"螺杆.prt"零件图，创建螺杆视图，如图 8-37 所示。

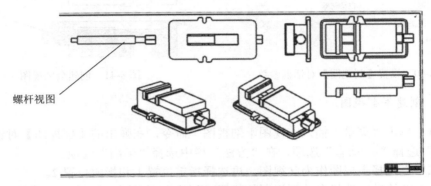

螺杆视图

图 8-37 创建螺杆视图

（2）单击"菜单│插入│视图│断开视图"命令，在【断开视图】对话框中，对"类型"选择"常规"选项。单击"主模型视图"按钮，选择螺杆视图，在"方位"栏中选择"矢量"选项，对"指定矢量"选择"XC↑"选项，把"间隙"值设为 8mm；在"样式"栏中选择图标，把"幅值"设为 6mm，在螺杆视图中选择第 1 点和第 2 点，如图 8-38 所示。

（3）单击"确定"按钮，创建断开的剖视图（简称断开视图），如图 8-39 所示。

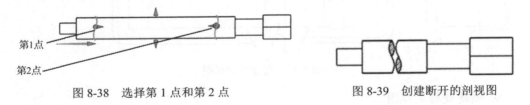

第1点

第2点

图 8-38 选择第 1 点和第 2 点   图 8-39 创建断开的剖视图

7. 创建全剖视图

（1）单击"菜单│插入│视图│剖视图"命令，在弹出的【剖视图】对话框中，对"定义"选择"动态"选项，在"方法"栏中选择"简单剖/阶梯剖"选项，如图 8-40 所示。

（2）选择主视图作为剖视图的父视图，在"截面线段"栏中单击"指定位置"按钮，选择中心位置作为剖面线位置。

（3）在主视图的下方任意选择 1 点，即可创建全剖视图，如图 8-41 所示。

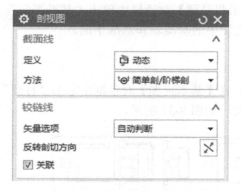

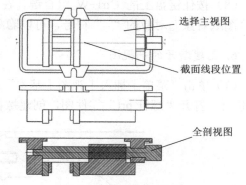

图 8-40　设置【剖视图】对话框参数　　　　图 8-41　创建全剖视图

8. 创建半剖视图

（1）单击"菜单｜插入｜视图｜剖视图"命令，在弹出的【剖视图】对话框中，对"定义"选择"动态"选项，在"方法"栏中选择"半剖"选项。

（2）先选择主视图作为父视图，再选择指定位置 1 和指定位置 2。

（3）在绘图区选择存放剖视图的位置，创建半剖视图，如图 8-42 所示。

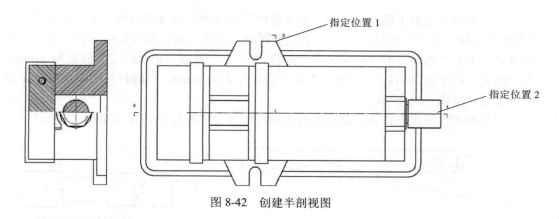

图 8-42　创建半剖视图

9. 创建旋转剖视图

（1）单击"菜单｜插入｜视图｜剖视图"命令，在弹出的【剖视图】对话框中，对"定义"选择"动态"选项、"方法"选择"旋转"选项。

（2）选择右视图作为父视图，选择圆心作为旋转点，选择支线点 1 与支线点 2。

（3）在绘图区选择存放剖视图的位置，创建旋转剖视图，如图 8-43 所示。

10. 创建对齐视图

（1）单击"菜单｜编辑｜视图｜对齐"命令，在【对齐视图】对话框中，在"方法"栏中选择"水平"图标，对"对齐"选择"对齐至视图"选项。

146

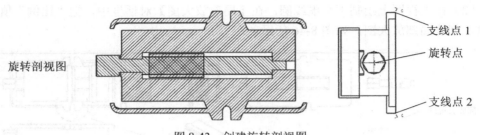

图 8-43　创建旋转剖视图

（2）在工程图中选择旋转剖视图与主视图，使两个视图对齐。

提示：也可以拖动旋转剖视图，待出现水平虚线后，即可与主视图对齐。

11. 创建局部剖视图

（1）选择右视图，单击鼠标右键，在快捷菜单中单击"⊡ 活动草图视图"命令。

（2）单击"菜单｜插入｜草图曲线｜艺术样条"命令，在弹出的【艺术样条】对话框中，对"类型"选择"通过点"选项；勾选"✔封闭"复选框，选择"◎视图"单选框。

（3）在右视图上绘制 1 条封闭的曲线，如图 8-44 所示，单击"完成"按钮▨。

（4）单击"菜单｜插入｜视图｜局部剖"命令，在弹出的【局部剖】对话框中选择"◎创建"单选框单击"选择视图"按钮▭，选择右视图。单击"指出基准点"按钮▭，在主视图上选择圆心作为基准点（见图 8-45），单击"选择曲线"按钮▭，选择所绘制的封闭曲线。

（5）单击"应用"按钮，创建局部剖视图，如图 8-45 所示。

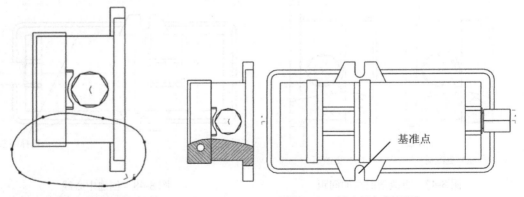

图 8-44　绘制 1 条封闭的曲线　　　　　图 8-45　创建局部剖视图

12. 创建局部放大图

（1）单击"菜单｜插入｜视图｜局部放大图"命令▭，在弹出的【局部放大图】对话框中，对"类型"选择"圆形"选项。

（2）在主视图上绘制 1 个虚线圆，在【局部放大图】对话框中，把"比例"值设为 2：1，创建局部放大图，如图 8-46 所示。

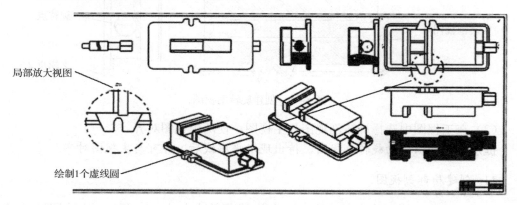

图 8-46　创建局部放大视图

13. 更改剖面线形状

（1）双击视图中的剖面线，在弹出的【剖面线】对话框中，把"距离"值设为 8mm。

（2）单击"确定"按钮，更改剖面线的间距，如图 8-47 所示。

14. 创建视图 2D 中心线

（1）单击"菜单｜插入｜中心线｜2D 中心线"命令。

（2）选择两条边线，单击"确定"按钮，创建中心线，如图 8-48 所示。

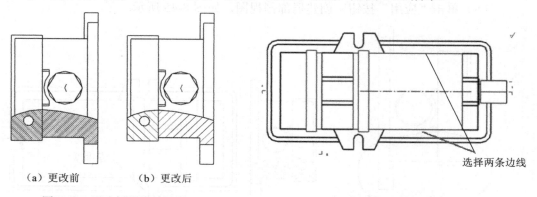

（a）更改前　　　（b）更改后

图 8-47　更改剖面线的间距　　　　　　图 8-48　创建中心线

（3）双击中心线，在【2D 中心线】对话框中勾选"✓单侧设置延伸"复选框。拖动中心线两端的箭头，以调整中心线的长度，如图 8-49 所示。

（4）若中心线延长部分是实线，则可单击"文件｜实用工具｜用户默认设置"命令，在弹出的【用户默认设置】对话框中，选择"制图｜常规/设置｜定制标准"选项，如图 8-50 所示。

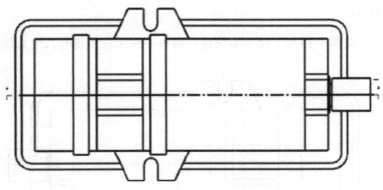

图 8-49　调整中心线长度

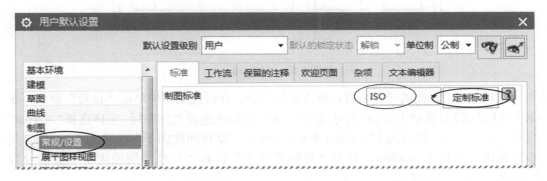

图 8-50　设置【用户默认设置】对话框参数

（5）在【定制制图标准】对话框中，对"中心线显示"选择"正常"选项，如图 8-51 所示。

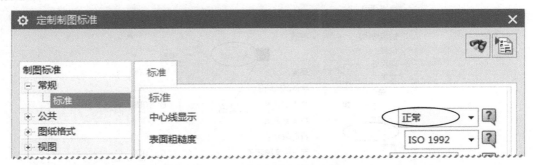

图 8-51　对"中心线显示"选择"正常"选项

（6）在【定制制图标准】对话框中单击"保存"按钮。

（7）重新启动 UG 12.0。此时中心线显示为点画线。

15．添加标注

（1）单击"菜单｜插入｜尺寸｜快速"命令，对工程图进行尺寸标注，如图 8-52 所示。

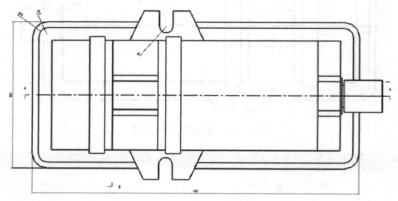

图 8-52　尺寸标注

（2）选择工程图的尺寸数值，单击鼠标右键，在快捷菜单中单击"设置"命令。在弹出的【设置】对话框中选择"尺寸文本"选项，对颜色选择黑色图标、字体选择"A Arial"选项。把"高度"值设为 15.0000（单位：mm）、"字体间隙因子"值设为 0.2000、"文本宽高比"值设为 0.8000，再把"行间隙因子"值和"尺寸线间隙因子"值都设为 0.1000，如图 8-53 所示。

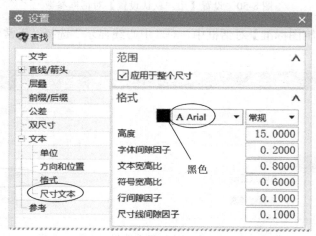

图 8-53　【设置】对话框

（3）在【设置】对话框中展开"+直线/箭头"的下级目录，选择"箭头"选项。在"格式"栏中，把"长度"值设为 15mm。

（4）按 Enter 键，完成修改。修改后的尺寸标注如图 8-54 所示。

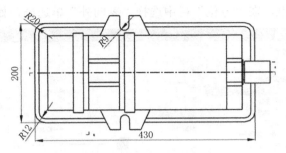

图 8-54　修改后的尺寸标注

16. 添加标注前缀

（1）选择图 8-54 中的尺寸数值"$R12$"，单击鼠标右键，在快捷菜单中单击"设置"命令。在【设置】对话框中单击"前缀/后缀"选项卡，在"位置"栏中选择"之前"选项，在"半径符号"栏中选择"用户定义"选项，把"要使用的符号"设为"4×R"，如图 8-55 所示。

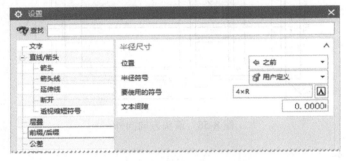

图 8-55　设置"前缀/后缀"选项卡参数

（2）采用同样的方法，添加其他尺寸标注前缀，如图 8-56 所示。

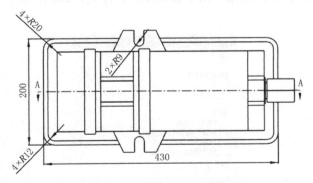

图 8-56　添加其他尺寸标注前缀

（3）选择尺寸标注"4×$R20$"，单击鼠标右键，在快捷菜单中选择"设置"命令。在弹出的【设置】对话框中展开"+直线/箭头"的下级目录，单击"箭头"选项卡，勾选

"✔显示箭头"复选框，在"方位"栏中选择"◉向外"单选框，如图 8-57 所示。

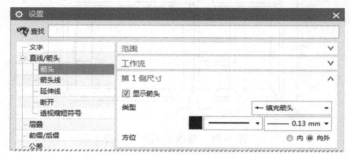

图 8-57　设置"箭头"选项卡参数

（4）按 Enter 键，箭头方向向外，如图 8-58 所示。

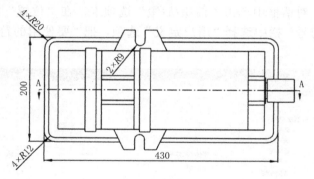

图 8-58　箭头方向向外

17. 注释文本

（1）单击"菜单｜插入｜注释｜注释"命令，在弹出的【注释】对话框中输入注释文本"台钳材料：铸铁；用途：用于装夹工件；净重：20kg；最大扭力：1000N。"如图 8-59 所示。

图 8-59　在【注释】对话框输入文本内容

（2）在图框中选择适当位置，添加注释文本。

（3）选择所添加的文本，单击鼠标右键，在快捷菜单中选择"设置"命令。在弹出的【设置】对话框中对"颜色"选择"黑色"选项、"字体"选择"Chinesef_kt"选项，把"高度"值设为 25mm、"字体间隙因子"值设为 1、"行间隙因子"值设为 2。

（4）按 Enter 键，完成文本更改。

18. 修改工程图标题栏

（1）单击"菜单│格式│图层设置"命令，在弹出的【图层设置】对话框中，在"显示"栏中选择"含有对象的图层"选项，双击"✓170"，把第 170 个图层高为工作层。

（2）双击标题栏中的"西门子产品管理软件（上海）有限公司"字符，在【注释】对话框中，把"西门子产品管理软件（上海）有限公司"改为"ABC 有限公司"，如图 8-60所示。

（3）在其他单元格中输入文本，并修改字体大小。

						图　号：123456		
						图样标记	重量	比例
标记	处数	更改文件号	签　字	日　期		共　　页		第　　页
设　计		赵　六	2021-10-1					
校　对		王　五	2021-10-1					
审　核		李　四	2021-10-1		ABC有限公司			
批　准		张　三	2021-10-1					

图 8-60　修改标题栏

（4）单击"文件│属性"命令，在【显示部件属性】对话框中单击"属性"选项卡。在"交互方法"栏中选择"传统"选项，对"标题/别名"选择"名称"选项，把"值"设为"台钳"，如图 8-61 所示。

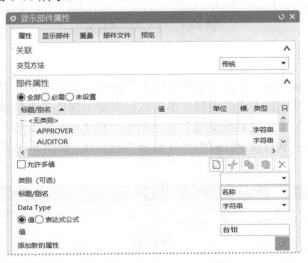

图 8-61　对"标题/别名"选择"名称"选项，把"值"设为"台钳"

（5）单击"应用"按钮，对"标题/别名"选择"材料"选项，对"值"选择"铸铁"选项，单击"确定"按钮。

（6）在工程图标题栏中选择较大的单元格，单击鼠标右键，在快捷菜单中单击"导入"选项卡，选择"属性"选项，如图 8-62 所示。

（7）在【导入属性】对话框中，对"导入"选择"工作部件属性"选项。在"属性"列表选择"名称"选项，如图 8-63 所示。

（8）在选定的单元格中填写零件的名称"台钳"采用相同的方法，在第 2 个单元格中填写零件的材质"铸铁"（字体及大小需采用图 8-53 所示的步骤进行调整），如图 8-64 所示。

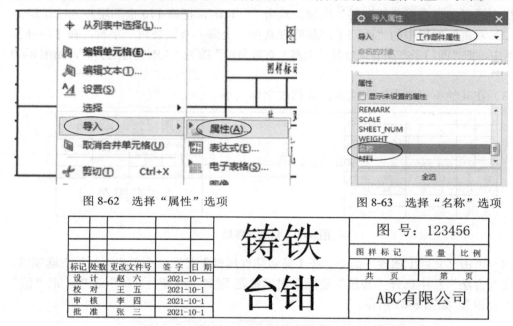

图 8-62　选择"属性"选项　　　　　图 8-63　选择"名称"选项

图 8-64　导入名称和材质

19. 创建明细表

（1）单击"菜单｜插入｜表｜零件明细表"命令。如果在创建明细表时出现图 8-65 所示的错误提示，可单击"我的电脑｜单击鼠标右键｜属性｜系统属性｜高级｜环境变量｜新建"命令，在【新建系统变量】对话框中，把"变量名"设为"UGII_UPDATE_ALL_ID_SYMBOLS_WITH_PLIST"、"变量值"设为 0，如图 8-66 所示。然后，重新启动 UG 12.0。

图 8-65　错误提示

（2）所创建的明细表如图8-67所示。

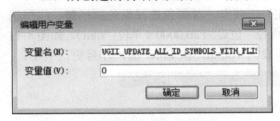

图8-66 设置【编辑用户变量】对话框参数

1	ZHUANGPEI	1
PC　NO	PART　NAME	QYT

图8-67 明细表

（3）把光标移到明细表左上角处，待明细表全部变成棕色后，单击鼠标右键，在快捷菜单中单击"编辑级别"命令。

（4）在【编辑级别】对话框中单击"仅叶节点"按钮，如图8-68所示，展开整个明细表。

图8-68 在【编辑级别】对话框单击"仅叶节点"按钮

（5）单击确认按钮"√"，然后退出该对话框。展开后的明细表如图8-69所示。

20. 在装配图上生成序号

（1）把光标移到明细表左上角处，待明细表全部变成黄色后，单击鼠标右键，在快捷菜单中单击"自动符号标注"命令，如图8-70所示。

6	底座	1
5	螺杆	1
4	推板	1
3	垫块	2
2	螺钉	4
1	码铁	2
PC　NO	PART NAME	QTY

图8-69 展开后的明细表

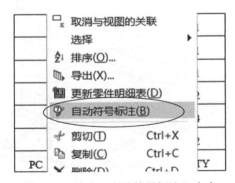

图8-70 单击"自动符号标注"命令

（2）选择正三轴测视图，单击"确定"按钮。在该视图上添加序号（螺钉不可见，没有用数字标识）。

155

（3）选择明细表中的全部序号，单击鼠标右键，在快捷菜单中单击"设置"命令。在弹出的【设置】对话框中单击"符号标注"选项卡，对颜色选择黑色图标■、线型选择细实线、线宽选择"0.25mm"选项，把"直径"值设为 20.0000（单位：mm），如图 8-71 所示。单击"文字"选项卡，把"高度"值设为 16mm。按 Enter 键，序号更改大小。

图 8-71　设置"符号标注"选项卡

（4）适当调整各个序号的位置，如图 8-72 所示。此时，各个序号可以不按顺序排列。

（5）单击"菜单 | GC 工具箱 | 制图工具 | 编辑明细表"命令，在图框中选择明细表。在【编辑零件明细表】对话框中选择"码铁"选项，先单击"上移"按钮⬆，再单击"更新件号"按钮，把"码铁"排在第 1 位。

（6）采用相同的方法，在【编辑零件明细表】对话框中，把"垫块"、"推板"、"螺杆"、"底座"和"螺钉"排第 2～6 位，如图 8-73 所示。然后，勾选"✔对齐件号"复选框，把"距离"值设为 20.0000（单位：mm）。

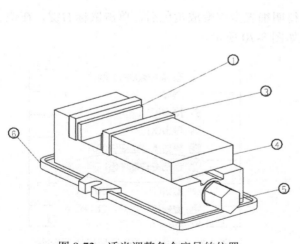

图 8-72　适当调整各个序号的位置

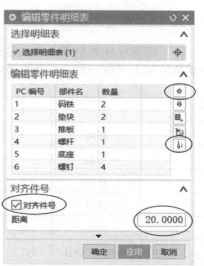

图 8-73　排列序号

（7）单击"确定"按钮，明细表上的序号重新排列，如图 8-74 所示；右视图上的序号也重新排列，如图 8-75 所示（对于不同的计算机，排列的序号可能不完全相同）。

6	螺钉	4
5	底座	1
4	螺杆	1
3	推板	1
2	垫块	2
1	码铁	2
PC　NO	PART NAME	QTY

图 8-74　明细表上的序号重新排序

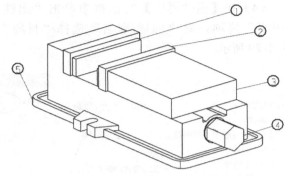

图 8-75　右视图上的序号得新排列

21. 修改明细表

（1）选择明细表左上角的单元格，单击鼠标右键，在快捷菜单中单击"选择丨列"命令。

（2）再次选择左上角的单元格，单击鼠标右键，在快捷菜单中选择"调整大小"选项。

（3）在动态框中输入"15"，所选列的列宽调整为 15mm。

（4）采用相同的方法，把第 2 列的宽度调整为 30mm、第 3 列的宽度调整为 15mm，把所有行的行高调整为 8mm。

（5）双击明细表最后一行英文字符，把 3 个单元格中的标题分别改为"序号"、"零件名称"和"数量"。调整列宽、行高和修改标题后的明细表如图 8-76 所示。

22. 添加零件属性

（1）选择明细表最右边的单元格，单击鼠标右键，在快捷菜单中单击"选择丨列"命令。

（2）再次选择该列，单击鼠标右键，在快捷菜单中单击"插入丨在右侧插入列"命令，在明细表的右侧添加一列，如图 8-77 所示。

6	螺钉	4
5	底座	1
4	螺杆	1
3	推板	1
2	垫块	2
1	码铁	2
序号	零件名称	数量

图 8-76　调整列宽、行高和修改标题后的明细表

6	螺钉	4	
5	底座	1	
4	螺杆	1	
3	推板	1	
2	垫块	2	
1	码铁	2	
序号	零件名称	数量	

图 8-77　在明细表右侧插入一列

（3）在"装配导航器"中选择"底座"选项，单击鼠标右键，在快捷菜单中单击"属性"命令，如图 8-78 所示。

（4）在【组件属性】对话框中单击"属性"选项卡，在"交互方法"栏中选择"传统"选项，对"标题/别名"选择"材质"选项、"值"选择"铸铁"选项，如图8-79所示。

图8-78　选择"底座"选项，
单击"属性"命令

图8-79　设置"属性"选项卡

（5）采用相同方法，把推板的材质设为45#、垫块的材质设为45#、码铁的材质设为45#、螺杆的材质设为40Cr、螺钉的材质设为40Cr。

提示：因为螺杆、螺钉和垫块出现在组件1和组件2中，所以需要分别在组件1和组件2中定义属性。

（6）选择明细表右边空白的列，单击鼠标右键，在快捷菜单中单击"选择｜列"命令。

（7）再次选择该列，单击鼠标右键，在快捷菜单中单击"设置"命令，在弹出的【设置】对话框中选择"列"选项，单击"属性名称"栏右边的按钮 ，如图8-80所示。

（8）在【属性名称】对话框中选择"材质"选项，如图8-81所示。

（9）单击"确定"按钮，在明细表空白列中添加零件的材质，如图8-82所示。

提示：如果此时明细表中显示的不是文字，而是"####"，那是因为文字的高度大于明细表的行高。增大明细表的行高，即可显示文字内容。

（10）选择明细右边的任意1个单元格，单击鼠标右键，在快捷菜单中单击"选择｜列"命令。

（11）再次选右边的列，单击鼠标右键，在快捷菜单中单击"调整大小"命令，在动态框中，把"列宽"值设为40mm。

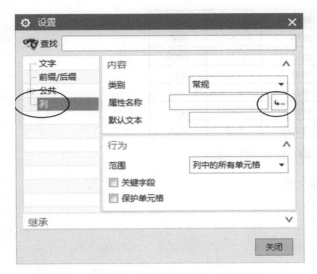

图 8-80　选择"列"选项，再单击按钮

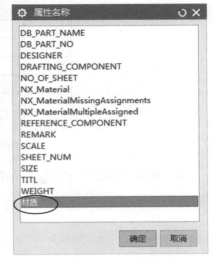

图 8-81　选择"材质"选项

（12）单击"确定"按钮，右边列的列宽调整为 40mm。

（13）选择右边的列，单击鼠标右键，在快捷菜单中单击"选择｜列"命令。再次选择右边的列，单击鼠标右键，在快捷菜单中单击"设置"命令。在弹出的【设置】对话框中展开"公共"选项的下级目录，在其中单击"单元格"选项，在"边界"栏中选择实线，如图 8-83 所示，即可给选定的列添加边框。

6	螺钉	4	40Cr
5	底座	1	铸铁
4	螺杆	1	40Cr
3	推板	1	45#
2	垫块	2	45#
1	码铁	2	45#
序号	零件名称	数量	材质

图 8-82　添加"材质"列

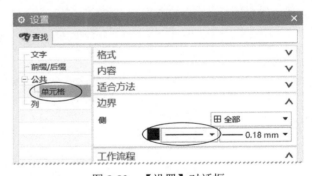

图 8-83　【设置】对话框

23. 修改明细表中的字体与字号

（1）把光标移到明细表左上角处，待明细表全部变成黄色后，单击鼠标右键，在快捷菜单中单击"单元格设置"命令。

（2）打开【设置】对话框中的"文字"选项卡，对颜色选择黑色图标、字体选择"黑体"选项，把"高度"值设为 5mm。

（3）按 Enter 键，修改后的明细表如图 8-84 所示。

6	螺钉	4	40Cr
5	底座	1	铸铁
4	螺杆	1	40Cr
3	推板	1	45#
2	垫块	2	45#
1	码铁	2	45#
序号	零件名称	数量	材质

图 8-84 修改后的明细表

（4）单击"保存"按钮 ，保存文档。

第9章 钣金设计入门

本章以几个简单零件的模型为例，重点介绍 UG 钣金设计的基本命令。

1. 方盒

（1）单击"新建"按钮📄，在弹出的【新建】对话框中，把"名称"设为"方盒"，"单位"设为"毫米"，选择"NX 钣金"模板，如图 9-1 所示。单击"确定"按钮，进入钣金设计环境。

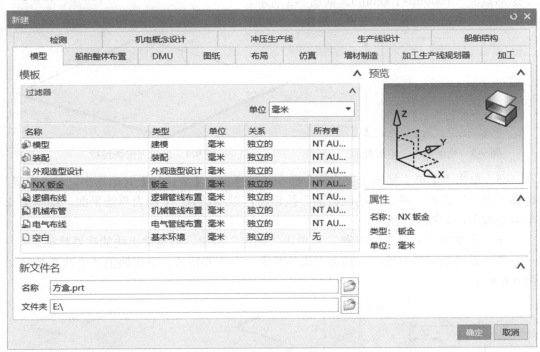

图 9-1　设置【新建】对话框参数

（2）单击"菜单｜首选项｜钣金"命令，在【钣金首选项】对话框中单击"部件属性"选项卡，把"材料厚度"值设为 1mm、"弯曲半径"值设为 2mm、"让位槽深度"值设为 3mm、"让位槽宽度"值设为 2mm。在"折弯定义方法"栏中选择"中性因子值"选项，把"中性因子"值设为 0.33，如图 9-2 所示。

图 9-2　设置【钣金首选项】对话框参数

（3）单击"菜单｜插入｜突出块"命令，在弹出的【突出块】对话框中，对"类型"选择"底数"选项。单击"绘制截面"按钮 ，以 *XC-YC* 平面为草绘平面，绘制第 1 个矩形截面（100mm×100mm），如图 9-3 所示。

（4）先单击"完成"按钮 ，再单击"确定"按钮，创建突出块特征，如图 9-4 所示。

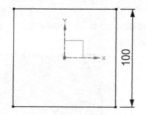

图 9-3　绘制第 1 个矩形截面

图 9-4　创建突出块特征

（5）单击"菜单｜插入｜突出块"命令，在弹出的【突出块】对话框中，对"类型"选择"次要"选项。单击"绘制截面"按钮 ，以 *XC-YC* 平面为草绘平面，绘制第 2 个矩形截面，如图 9-5 所示。

（6）先单击"完成"按钮 ，再单击"确定"按钮，创建突出块的次要特征。

（7）采用相同的方法，创建突出块的其余 3 个次要特征。突出块的 4 个次要特征如图 9-6 所示。

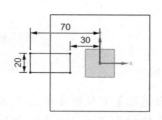

图 9-5　绘制第 2 个矩形截面

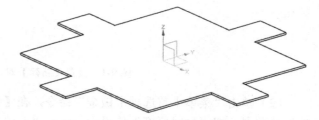

图 9-6　突出块的 4 个次要特征

（8）单击"菜单｜插入｜切割｜法向开孔"命令，在弹出的【法向开孔】对话框中单击"绘制截面"按钮 。以实体上表面为草绘平面，绘制 1 个圆形截面，如图 9-7 所示。

（9）单击"完成"按钮，在【法向开孔】对话框中，对"切割方法"选择"厚度"选项、"限制"选择"贯通"选项。

（10）单击"确定"按钮，创建法向开孔特征。

（11）采用相同的方法，创建其余 3 个法向开孔特征。4 个法向开孔特征如图 9-8 所示。

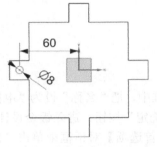

图 9-7　绘制 1 个圆形截面

图 9-8　4 个法向开孔特征

（12）单击"菜单｜插入｜冲孔｜凹坑"命令，在弹出的【凹坑】对话框中单击"绘制截面"按钮。以实体上表面为草绘平面，绘制第 3 个矩形截面（75mm×75mm），如图 9-9 所示。

（13）单击"完成"按钮，在【凹坑】对话框中，把"深度"值设为 10mm。单击"反向"按钮，使箭头朝下，把"侧角"值设为 10°。对"参考深度"选择"内侧"选项、"侧壁"选择"材料外侧"选项。展开"倒圆"列表，勾选"✓凹坑边倒圆"复选框，把"冲压半径"值设为 4mm、"冲模半径"值设为 2mm；勾选"✓截面拐角倒圆"复选框，把"角半径"值设为 5mm。

提示： 为了加深理解这些参数，读者可以任意改变其值的大小，以便观察实体的变化。

（14）单击"确定"按钮，创建凹坑特征，如图 9-10 所示。

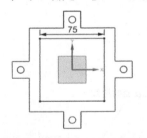

图 9-9　绘制第 3 个矩形截面

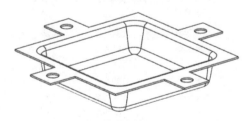

图 9-10　创建凹坑特征

（15）单击"菜单｜插入｜拐角｜倒角"命令，在弹出的【倒角】对话框中，对"方法"选择"圆角"选项，把"半径"值设为 10 mm。

（16）在零件图中选择倒圆角的边，单击"确定"按钮，生成倒圆角特征，如图 9-11 所示。

（17）单击"保存"按钮，保存文档。

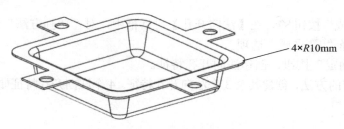

图 9-11　生成倒圆角特征

2. 电控盒

（1）单击"新建"按钮，在弹出的【新建】对话框中，把"名称"设为"电控盒"，"单位"设为"毫米"，选择"NX 钣金"模板。单击"确定"按钮，进入钣金设计环境。

（2）单击"菜单｜首选项｜钣金"命令，在【钣金首选项】对话框中单击"部件属性"选项卡，把"材料厚度"值设为 1.0mm、"弯曲半径"值设为 2.0mm、"让位槽深度"值设为 3.0mm、"让位槽宽度"值设为 2.0mm。对"折弯定义方法"选择"中性因子值"选项，把"中性因子"值设为 0.33。

（3）单击"菜单｜插入｜突出块"命令，在弹出的【突出块】对话框中，对"类型"选择"底数"选项。单击"绘制截面"按钮，以 *XC-YC* 平面为草绘平面，绘制第 1 个矩形截面（100mm×100mm）。

（4）先单击"完成"按钮，再单击"确定"按钮，创建突出块特征。

（5）单击"菜单｜插入｜折弯｜弯边"命令，在弹出的【弯边】对话框中，对"宽度选项"选择"完整"选项，把"长度"值设为 25mm、"角度"值设为 90°。对"参考长度"选择"外侧"选项、"内嵌"选择"折弯外侧"选项、"匹配面"选择"无"选项，如图 9-12 所示。

（6）选择上表面的边线作为折弯的边，如图 9-13 所示。

图 9-12　设置【弯边】对话框参数

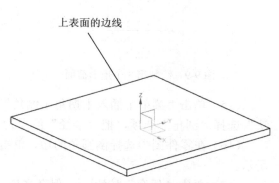

图 9-13　选择上表面的边线

（7）单击"确定"按钮，创建第1个折弯特征，如图9-14所示。

提示：如果折弯的方向不对，那么在【弯边】对话框中的"长度"栏中单击"反向"按钮⊠。

（8）单击"菜单｜插入｜折弯｜弯边"命令，选择内侧边线，如图9-15所示。

（9）在【弯边】对话框中，对"宽度选项"选择"完整"选项，把"长度"值设为20mm，把"角度"值设为90°。对"参考长度"选择"外侧"选项、"内嵌"选择"折弯外侧"选项、"匹配面"选择"无"选项。

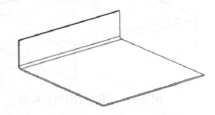

图 9-14　创建第 1 个折弯特征

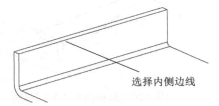

图 9-15　选择内侧边线

（10）单击"确定"按钮，创建第2个折弯特征，如图9-16所示。

（11）单击"菜单｜插入｜拐角｜倒斜角"命令，在弹出的【倒斜角】对话框中，对"横截面"选择"对称"选项，把"距离"值设为19mm，如图9-17所示。

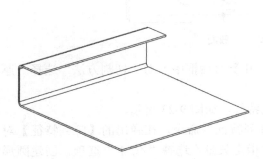

图 9-16　创建第 2 个折弯特征

图 9-17　设置【倒斜角】对话框参数

（12）单击"确定"按钮，创建倒角特征，如图9-18所示。

（13）采用相同的方法，创建其余3个折弯特征。已创建的4个折弯特征如图9-19所示。

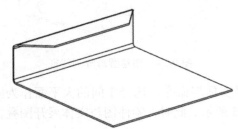

图 9-18　创建倒角特征

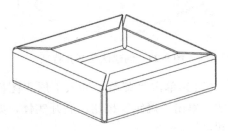

图 9-19　已创建的 4 个折弯特征

（14）单击"菜单｜插入｜拐角｜封闭拐角"命令，在弹出的【封闭拐角】对话框中，对"类型"选择"封闭和止裂口"选项、"处理"选择"封闭"选项、"重叠"选择"封闭"选项，把"缝隙"值设为0。

（15）在零件上选择两个相邻圆弧面作为封闭面，如图9-20所示。

（16）单击"确定"按钮，创建封闭拐角特征，如图9-21所示。

相邻圆弧面

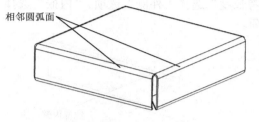
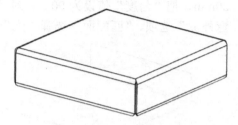

图9-20　选择两个相邻圆弧面　　　　　　图9-21　创建封闭拐角特征

（17）单击"菜单｜插入｜切割｜法向开孔"命令，在弹出的【法向开孔】对话框中单击"绘制截面"按钮，以 *XC-ZC* 平面为草绘平面，绘制1个截面，如图9-22所示。

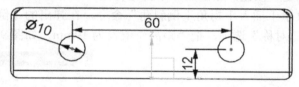

图9-22　绘制1个截面

（18）单击"完成"按钮。在【法向开孔】对话框中，对"切割方法"选择"厚度"选项、"限制"选择"贯通"选项。

（19）单击"确定"按钮，创建法向开孔特征，如图9-23所示。

（20）单击"菜单｜插入｜关联复制｜阵列特征"命令，在弹出的【阵列特征】对话框中，对"布局"选择"圆形"选项、"指定矢量"选择"ZC↑"选项，创建圆形阵列特征，如图9-24所示。

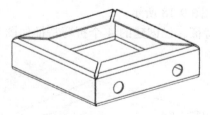
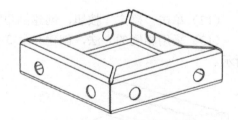

图9-23　创建法向开孔特征　　　　　　图9-24　创建圆形阵列特征

（21）单击"菜单｜插入｜展平图样｜展平实体"命令，选择中间的大平面作为固定面。单击"确定"按钮，展开实体，如图9-25所示。此时，零件图与实体展开图叠在一起。

提示：如果不能展开实体，可在"部件导航器"中双击 ☑ 🔵 SB 封闭拐角 (10) 选项，在【封闭拐角】对话框中把"处理"改为"打开"。用同样的方法，修改其余 3 个外拐角特征。

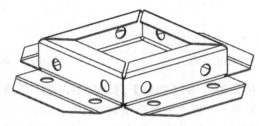

图 9-25 实体展开图

（22）单击"菜单 | 格式 | 移动至图层"命令，把零件图移至第 2 个图层，实体展开图在第 1 个图层。

（23）关闭第 2 个图层，只显示第 1 个图层的实体展开图，如图 9-26 所示。

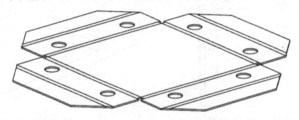

图 9-26 只显示第 1 个图层的实体展开图

3. 百叶箱

（1）单击"新建"按钮 🔳，在弹出的【新建】对话框中，把"名称"设为"百叶箱"，"单位"设为"毫米"，选择"NX 钣金"模板。单击"确定"按钮，进入钣金设计环境。

（2）单击"菜单 | 首选项 | 钣金"命令，在【钣金首选项】对话框中单击"部件属性"选项卡，把"材料厚度"值设为 0.5mm、"弯曲半径"值设为 2.0 mm、"让位槽深度"值设为 3.0mm、"让位槽宽度"值设为 3.0 mm。对"折弯定义方法"选择"中性因子值"选项，把"中性因子"值设为 0.33。

（3）单击"菜单 | 插入 | 突出块"命令，在弹出的【突出块】对话框中，对"类型"选择"底数"选项。单击"绘制截面"按钮 🔳，以 XC-YC 平面为草绘平面，绘制第 1 个矩形截面（150mm×100 mm），如图 9-27 所示。

（4）先单击"完成"按钮 🏁，再单击"确定"按钮，创建突出块特征，如图 9-28 所示。

（5）单击"菜单 | 插入 | 冲孔 | 凹坑"命令，在弹出的【凹坑】对话框中单击"绘制截面"按钮 🔳。以实体上表面为草绘平面，绘制第 2 个矩形截面（120mm×70mm），如图 9-29 所示。

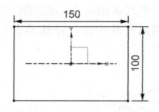

图 9-27 绘制第 1 个矩形截面

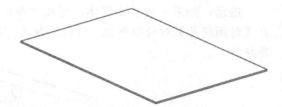

图 9-28 创建突出块特征

（6）单击"完成"按钮 ，在【凹坑】对话框中，把"深度"值设为 10mm。单击"反向"按钮 ，使箭头朝下，把"侧角"值设为 10°。对"参考深度"选择"内侧"选项、"侧壁"选择"材料外侧"选项。勾选" √凹坑边倒圆"复选框，把"冲压半径"值设为 2mm、"冲模半径"值设为 1.5mm；勾选" √截面拐角倒圆"复选框，把"角半径"值设为 10mm。

（7）单击"确定"按钮，创建凹坑特征，如图 9-30 所示。

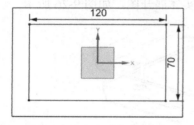

图 9-29 绘制第 2 个矩形截面

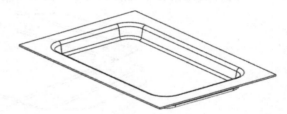

图 9-30 创建凹坑特征

（8）单击"菜单｜插入｜冲孔｜百叶窗"命令，在弹出的【百叶窗】对话框中单击"绘制截面"按钮 ，选择凹坑的底面作为草绘平面，绘制 1 条直线，如图 9-31 所示。

（9）单击"完成"按钮 。在【百叶窗】对话框中，把"深度"值设为 3mm、"宽度"值设为 5mm，对"百叶窗形状"选择"成形的"选项。

（10）单击"确定"按钮，创建百叶窗特征，如图 9-32 所示。

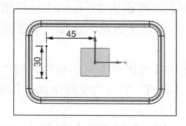

图 9-31 绘制 1 条直线

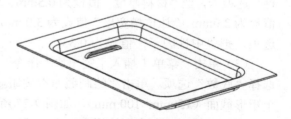

图 9-32 创建百叶窗特征

（11）单击"菜单｜插入｜关联复制｜阵列特征"命令，在弹出的【阵列特征】对话框中，对"布局"选择"线性"图标 。在"方向 1"中，对"指定矢量"选择"XC ↑"选项。在"间距"栏中选择"数量和间隔"选项，把"数量"值设为 9、"节距"值设为 12 mm；取消"□使用方向 2"复选框中的" √"。

（12）在"部件导航器"中选择"百叶窗特征"选项，单击"确定"按钮，创建阵列特征，如图 9-33 所示。

（13）单击"菜单｜插入｜冲孔｜筋"命令，在弹出的【筋】对话框中单击"绘制截面"按钮，选择凹坑的底面作为草绘平面，绘制两条直线，如图 9-34 所示。

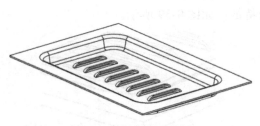

图 9-33　创建阵列特征

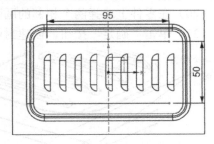

图 9-34　绘制两条直线

（14）单击"完成"按钮，在【筋】对话框中，对"横截面"选择"圆形"选项，把"深度"值设为 3mm、"半径"值设为 5mm。对"端部条件"选择"成形的"选项，展开"倒圆"列表，勾选"✓筋边导圆"复选框，把"冲模半径"值设为 1mm。

（15）单击"确定"按钮，创建筋特征，如图 9-35 所示。

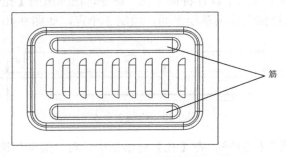

筋

图 9-35　创建筋特征

（16）单击"菜单｜插入｜折弯｜弯边"命令，在弹出的【弯边】对话框中，对"宽度选项"选择"完整"选项，把"长度"值设为 10mm、"角度"值设为 90°；对"参考长度"选择"外侧"选项、"内嵌"选择"折弯外侧"选项、"匹配面"选择"无"选项。

（17）选择下表面边线，如图 9-36 所示。单击"确定"按钮，创建折弯特征，如图 9-37 所示。

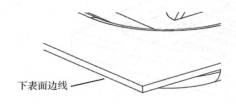

下表面边线

图 9-36　选择下表面边线

图 9-37　创建折弯特征

（18）采用相同的方法，创建其余 3 个折弯特征。

（19）单击"菜单｜插入｜拐角｜封闭拐角"命令，在弹出的【封闭拐角】对话框中，对"类型"选择"封闭和止裂口"选项、"处理"选择"封闭"选项、"重叠"选择"封闭"选项，把"缝隙"值设为 0。

（20）在零件上选择两个相邻的圆弧面作为封闭面，如图 9-38 所示。

（21）单击"确定"按钮，创建封闭拐角特征，如图 9-39 所示。

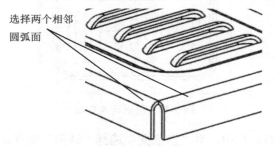
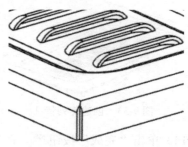

图 9-38　选择两个相邻的圆弧面　　　　　图 9-39　创建封闭拐角特征

（22）采用相同的方法，创建其余 3 个封闭拐角特征。

（23）单击"菜单｜插入｜设计特征｜孔"命令，在弹出的【孔】对话框中单击"绘制截面"按钮，选择侧面作为草绘平面，绘制 3 个点，如图 9-40 所示。

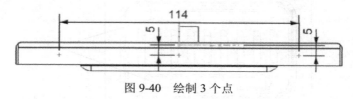

图 9-40　绘制 3 个点

（24）单击"完成"按钮，在【孔】对话框中，对"类型"选择"常规孔"选项、"孔方向"选择"垂直于面"选项、"成形"选择"简单孔"选项，把"直径"值设为 4mm；对"深度限制"选择"直至下 1 个"选项、"布尔"选择"减去"选项。

（25）单击"确定"按钮，在第 1 个侧面创建孔特征，如图 9-41 所示。

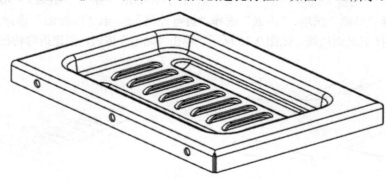

图 9-41　创建在第 1 个侧面孔特征

（26）采用相同的方法，在第 2 个侧面创建两个孔特征（两个孔的中心距为 60mm），如图 9-42 所示。

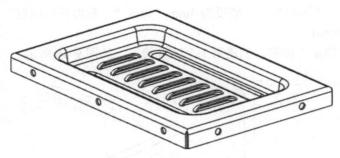

图 9-42　在第 2 个侧面创建两个孔特征

4．洗菜盆

（1）单击"新建"按钮，在弹出的【新建】对话框中，把"名称"设为"洗菜盆"，"单位"设为"毫米"，选择"NX 钣金"模板，如图 9-1 所示。单击"确定"按钮，进入钣金设计环境。

（2）单击"菜单｜首选项｜钣金"命令，在【钣金首选项】对话框中选择"部件属性"选项，把"材料厚度"值设为 1.0mm、"弯曲半径"值设为 2.0mm、"让位槽深度"值设为 3.0mm、"让位槽宽度"值设为 3.0mm。对"折弯定义方法"选择"中性因子值"选项，把"中性因子"值设为 0.33。

（3）单击"菜单｜插入｜突出块"命令，在弹出的【突出块】对话框中，对"类型"选择"底数"选项。单击"绘制截面"按钮，以 *XC-YC* 平面为草绘平面，绘制第 1 个矩形截面（250mm×200 mm），如图 9-43 所示。

（4）先单击"完成"按钮，再单击"确定"按钮，创建突出块特征，如图 9-44 所示。

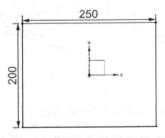
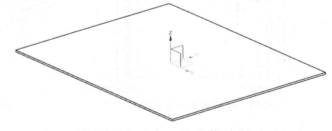

图 9-43　绘制第 1 个矩形截面　　　　　图 9-44　创建突出块特征

（5）单击"菜单｜插入｜冲孔｜凹坑"命令，在弹出的【凹坑】对话框中单击"绘制截面"按钮。以实体上表面为草绘平面，绘制第 2 个矩形截面（215mm×165mm），如图 9-45 所示。

（6）单击"完成"按钮，在【凹坑】对话框中，把"深度"值设为 10mm。单击

"反向"按钮⊠，使箭头朝下，把"侧角"值设为 5°。在"参考深度"栏中选择"内侧"选项、"侧壁"选择"材料外侧"选项。勾选"✓凹坑边倒圆"复选框，把"冲压半径"值设为 2mm、"冲模半径"值设为 3mm；勾选"✓截面拐角倒圆"复选框，把"角半径"值设为 10mm。

（7）单击"确定"按钮，创建第 1 个凹坑特征，如图 9-46 所示。

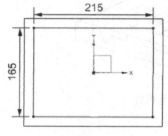 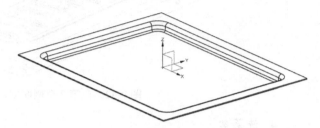

图 9-45　绘制第 2 个矩形截面　　　　　　图 9-46　创建第 1 个凹坑特征

（8）单击"菜单｜插入｜冲孔｜凹坑"命令，在弹出的【凹坑】对话框中单击"绘制截面"按钮▣，选择凹坑的底面作为草绘平面，绘制第 3 个矩形截面（185mm×105mm），如图 9-47 所示。

（9）单击"完成"按钮🏁，在【凹坑】对话框中，把"深度"值设为 50mm。单击"反向"按钮⊠，使箭头朝下，把"侧角"值设为 2°。对"参考深度"选择"内侧"选项、"侧壁"选择"材料外侧"。勾选"✓凹坑边倒圆"复选框，把"冲压半径"值设为 3mm、"冲模半径"值设为 2mm；勾选"✓截面拐角倒圆"复选框，把"角半径"值设为 15mm。

（10）单击"确定"按钮，创建第 2 个凹坑特征，如图 9-48 所示。

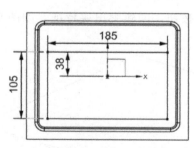 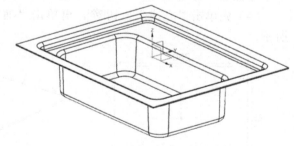

图 9-47　绘制第 3 个矩形截面　　　　　　图 9-48　创建第 2 个凹坑特征

（11）在横向菜单中先单击"应用模块"选项卡，再单击"建模"按钮🧊，进入建模环境。

（12）单击"菜单｜格式｜图层设置"命令，把第 2 个图层设置为工作层，并隐藏第 1 个图层。

（13）单击"拉伸"按钮🖼，以 *XC-YC* 平面为草绘平面，绘制矩形截面，如图 9-49 所示。

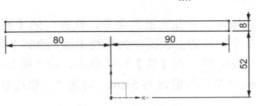

图 9-49　绘制矩形截面

（14）单击"完成"按钮 ![icon]，在弹出的【拉伸】对话框中，对"指定矢量"选择"-ZC↓"选项。在"开始"栏中选择"值"选项，把"距离"值设为 0mm；在"结束"栏中选择"值"选项，把"距离"值设为 14mm；对"布尔"选择" ![icon] 无"选项。

（15）单击"确定"按钮，创建 1 个拉伸特征，如图 9-50 所示。

（16）单击"菜单｜插入｜细节特征｜面倒圆"命令，在弹出的【面倒圆】对话框中选择"三面"选项，在工作区上方的工具条中选择"单个面"选项，创建面倒圆特征，如图 9-51 所示。

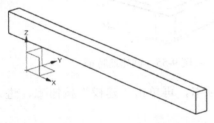

图 9-50　创建 1 个拉伸特征

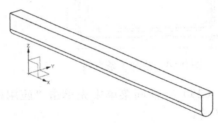

图 9-51　创建面倒圆特征

（17）单击"边倒圆"按钮 ![icon]，创建边倒圆特征（*R*4mm），如图 9-52 所示。

（18）单击"菜单｜格式｜图层设置"命令，把第 1 个图层设置为工作层。

（19）在横向菜单中先单击"应用模块"选项卡，再单击"钣金"按钮 ![icon]，进入钣金设计界面。

（20）单击"菜单｜插入｜冲孔｜实体冲压"命令，在弹出的【实体冲压】对话框中，对"类型"选择"冲压"选项。选择第 1 个凹坑的上表面作为"目标面"，选上一步骤创建的拉伸体作为"工具体"。展开"设置"列表，勾选" ![icon] 倒圆边"复选框，把"冲模半径"值设为 1.5mm，勾选" ![icon] 恒定厚度"复选框。

（21）单击"确定"按钮，生成第 1 个实体冲压特征，如图 9-53 所示。

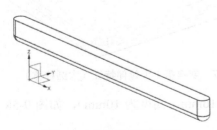

图 9-52　创建边倒圆特征

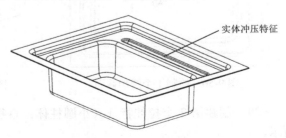

实体冲压特征

图 9-53　生成第 1 个实体冲压特征

（22）单击"菜单｜插入｜冲孔｜筋"命令，在弹出的【筋】对话框中单击"绘制截面"按钮 ![icon]，选择第 1 个凹坑的上表面作为草绘平面，绘制 1 条直线，如图 9-54 所示。

（23）单击"完成"按钮 ![icon]，在【筋】对话框中，对"横截面"选择"圆形"选项，把"深度"值设为 3mm、"半径"值设为 5mm。勾选"✔ 筋边导圆"复选框，把"冲模半径"值设为 1.5mm。

（24）单击"确定"按钮，创建筋特征，如图 9-55 所示。

提示：单击"反向"按钮 ![icon]，使箭头朝下，可以改变筋的方向。读者可以自行比较筋特征与实体冲压特征的区别。

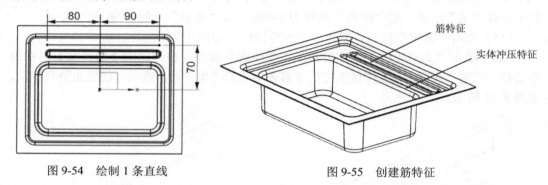

图 9-54　绘制 1 条直线　　　　　　　　　　图 9-55　创建筋特征

（25）在横向菜单中先单击"应用模块"选项卡，再单击"建模"按钮 ![icon]，进入建模环境。

（26）单击"拉伸"按钮 ![icon]，选择第 2 个凹坑底面作为草绘平面，绘制 1 个圆形截面，如图 9-56 所示。此时，圆心在 Y 轴上，直径为 35mm。

（27）单击"完成"按钮 ![icon]，在弹出的【拉伸】对话框中，对"指定矢量"选择"-ZC↓"选项。在"开始"栏中选择"值"选项，把"距离"值设为 0mm；在"结束"栏中选择"值"选项，把"距离"值设为 15mm；对"布尔"选择" ![icon] 无"选项。

（28）单击"确定"按钮，创建第 1 个拉伸特征（大圆柱体），如图 9-57 所示。

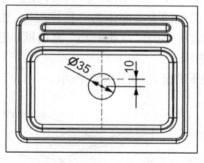

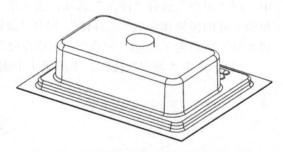

图 9-56　绘制 1 个圆形截面　　　　　　图 9-57　创建第 1 个拉伸特征（大圆柱体）

（29）创建第 2 个拉伸特征（小圆柱体：直径为 16mm、高度为 10mm），如图 9-58 所示。

（30）单击"菜单｜插入｜组合｜ 合并"命令，合并两个拉伸特征，即合并大小两个圆柱体。

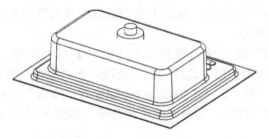

图 9-58　创建第 2 个拉伸特征（小圆柱体）

（31）单击"边倒圆"按钮 ，创建边倒圆特征（R2mm），如图 9-59 所示。

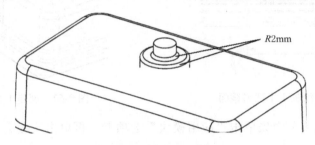

图 9-59　创建边倒圆特征

（32）在横向菜单中先单击"应用模块"选项卡，再单击"钣金"按钮 ，进入钣金设计环境。

（33）单击"菜单｜插入｜冲孔｜实体冲压"命令，在弹出的【实体冲压】对话框中，对"类型"选择"冲压"选项。选择凹坑的内表面作为"目标面"，选择所创建的圆柱体作为"工具体"。选择圆柱体的端面作为"冲裁面"，勾选"✓倒圆边"复选框，把"冲模半径"值设为 R1mm，勾选"✓恒定厚度"复选框。

（34）单击"确定"按钮，创建第 2 个实体冲压特征，如图 9-60 所示。此时，所选的冲裁面为通孔。

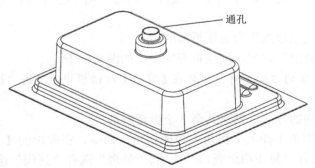

图 9-60　创建第 2 个实体冲压特征

（35）在横向菜单中先单击"应用模块"选项卡，再单击"建模"按钮 ▥，进入建模环境。

（36）单击"拉伸"按钮 ▥，以第1个凹坑底面作为草绘平面，绘制1个圆形截面（ϕ20mm），如图9-61所示。

（37）单击"完成"按钮 ▨，在弹出的【拉伸】对话框中，对"指定矢量"选择"-ZC↓"选项。在"开始"栏中选择"值"选项，把"距离"值设为0mm；在"结束"栏中选择"值"选项，把"距离"值设为10mm；对"布尔"选择"● 无"选项。

（38）单击"确定"按钮，创建1个拉伸特征，如图9-62所示。

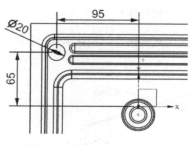

图9-61 绘制1个圆形截面

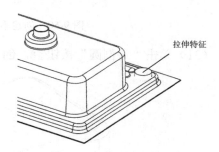

图9-62 创建1个拉伸特征

（39）在横向菜单中先单击"应用模块"选项卡，再单击"钣金"按钮 ▥，进入钣金设计环境。

（40）单击"菜单|插入|冲孔|实体冲压"命令，在弹出的【实体冲压】对话框中，对"类型"选择"凸模"选项。单击"目标面"按钮，选择第1个凹坑的表面，单击"工具体"按钮。选择上一步骤创建的拉伸体，勾选"✓倒圆边"复选框，把"冲模半径"值设为1.5mm，勾选"✓恒定厚度"复选框。

（41）单击"确定"按钮，创建第3个实体冲压特征，如图9-63所示。

提示：因为没有选择冲裁面，所以图9-63中的实体冲压特征没有通孔。

（42）单击"菜单|插入|折弯|弯边"命令，在弹出的【弯边】对话框中，对"宽度选项"选择"完整"选项，把"长度"值设为10mm，把"角度"值设为90°，对"参考长度"选择"外侧"选项，对"内嵌"选择"折弯外侧"选项，对"匹配面"选择"无"选项。

（43）选择下表面边线作为需要折弯的边。

（44）单击"确定"按钮，创建折弯特征，如图9-64所示。

提示：如果折弯的方向不对，那么在【弯边】对话框中，单击"长度"栏的"反向"按钮 ☒。

（45）采用相同的方法，创建其余3个折弯特征。

（46）单击"菜单|插入|拐角|封闭拐角"命令，在弹出的【封闭拐角】对话框中，对"类型"选择"封闭和止裂口"选项、"处理"选择"封闭"选项、"重叠"选择"封闭"选项，把"缝隙"值设为0。

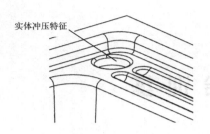

实体冲压特征

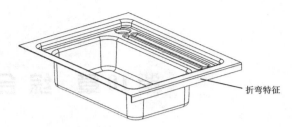

折弯特征

图 9-63　创建第 3 个实体冲压特征　　　　图 9-64　创建折弯特征

（47）在零件上选择两个相邻的圆弧面作为封闭面，如图 9-65 所示。

（48）单击"确定"按钮，创建封闭拐角特征，如图 9-66 所示

（49）单击"保存"按钮，保存文档。

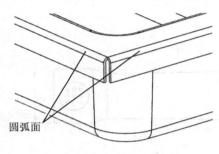

圆弧面

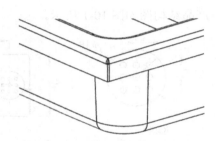

图 9-65　选相邻圆弧面　　　　　　　图 9-66　创建封闭拐角特征

第10章 综合训练

本章以几个简单的造型为例，详细介绍 UG 复杂实体设计中的旋转、拔模、拉伸、抽壳、切除、阵列、倒圆角和面倒圆等特征的基本应用方法。

1. 电话筒

产品结构图如图 10-1 所示。

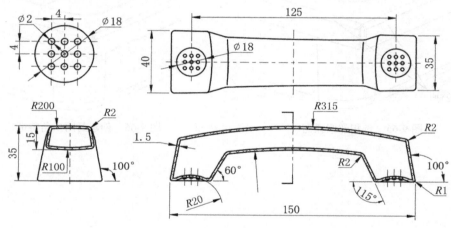

图 10-1　产品结构图

（1）启动 UG 12.0，单击"新建"按钮 📄，在弹出的【新建】对话框中，把"单位"设为"毫米"，选择"模型"模块，把"名称"设为"电话筒"，对"文件夹"路径选择"D:\"。

（2）单击"确定"按钮，进入建模环境。

（3）单击"拉伸"按钮 🗍，在弹出的【拉伸】对话框中单击"绘制截面"按钮 🔲，以 *XC-YC* 平面为草绘平面、*X* 轴为水平参考线，绘制第 1 个截面，如图 10-2 所示。

（4）单击"完成"按钮 🏁，在弹出的【拉伸】对话框中，对"指定矢量"选择"ZC↑"选项。在"开始"栏中选择"值"选项，把"距离"值设为 0mm；在"结束"栏中选择"值"选项，把"距离"值设为 30mm；对"布尔"选择" 🐭 无"选项。在"拔模"栏中选择"从起始限制"选项，把"角度"值设为 10°。

（5）单击"确定"按钮，创建拉伸特征，如图 10-3 所示。

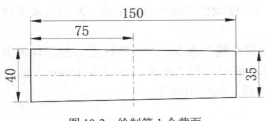

图 10-2 绘制第 1 个截面

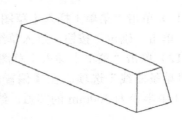

图 10-3 创建拉伸特征

（6）单击"菜单｜插入｜草图"命令，以 *XC-ZC* 平面为草绘平面，绘制第 2 个截面（*A*、*B* 两点之间没有相连），如图 10-4 所示。

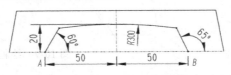

图 10-4 绘制第 2 个截面

（7）单击"菜单｜插入｜草图"命令，以 *XC-YC* 平面为草绘平面，绘制 1 段圆弧（*R*100mm），如图 10-5 所示。其中，圆弧的中点与步骤（6）绘制的截面的端点重合。

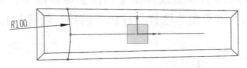

图 10-5 绘制 1 段圆弧

（8）单击"菜单｜插入｜扫掠｜沿引导线扫掠"命令，选择步骤（7）绘制的圆弧作为截面曲线、步骤（6）绘制的截面作为引导曲线。在【沿引导线扫掠】对话框中，对"体类型"选择"片体"选项，创建扫掠曲面，如图 10-6 所示。

（9）单击"菜单｜插入｜修剪｜延伸片体"命令，把片体的右端延伸 5mm，如图 10-7 所示。

提示： 因为片体的右端没有完全高出实体，所以需要延伸才能高出实体。

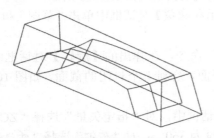

图 10-6 创建扫掠曲面

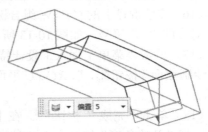

图 10-7 把片体的右端延伸 5mm

（10）单击"菜单｜插入｜修剪｜修剪体"命令，选择实体作为目标体，片体作为工具体，修剪实体。修剪后的实体如图 10-8 所示。

（11）单击"菜单｜插入｜草图"命令，以 *XC-ZC* 平面为草绘平面、*X* 轴为水平参考线。单击"确定"按钮，进入草绘模式。

（12）单击"菜单｜插入｜草图曲线｜偏置曲线"命令，在工作区上方的工具条中选择"单条曲线"选项。在【偏置曲线】对话框中，把"距离"值设为 15mm。选择图 10-4 中半径为 300mm 的圆弧，绘制偏置曲线，如图 10-9 所示。

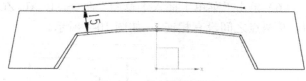

图 10-8　修剪后的实体　　　　　　　图 10-9　绘制偏置曲线

（13）单击"菜单｜插入｜草图"命令，以 *YC-ZC* 平面为草绘平面，*Y* 轴为水平参考线，绘制 1 段圆弧（*R*200mm），如图 10-10 所示。

（14）单击"菜单｜插入｜扫掠（W）｜扫掠（S）"命令，选择图 10-10 的圆弧为截面曲线，图 10-9 的圆弧为引导曲线。在【扫掠】对话框中，对"截面位置"选择"沿引导线任何位置"选项、"体类型"选择"片体"选项，创建扫掠曲面，如图 10-11 所示。

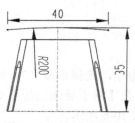

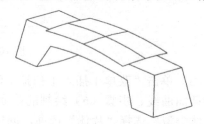

图 10-10　绘制 1 段圆弧　　　　　　图 10-11　创建扫掠曲面

（15）单击"菜单｜插入｜同步建模｜替换面"命令，选择实体的上表面作为"要替换的面"，选择扫掠曲面作为"替换面"，创建替换特征，如图 10-12 所示。

（16）按住键盘上的 Ctrl+W 组合键，在【显示和隐藏】对话框中单击"草图"和"片体"对应的"−"符号，如图 10-13 所示。

（17）单击"菜单｜插入｜设计特征｜旋转"命令，在弹出的【旋转】对话框中单击"绘制截面"按钮📷，以 *XC-ZC* 平面为草绘平面，绘制 1 个封闭的截面，如图 10-14 所示。

（18）单击"完成"按钮🏁。在【旋转】对话框中，对"指定矢量"选择"ZC↑"选项。把"开始角度"值设为 0，"结束角度"值设为 360°；对"布尔"选择"减去"选项，把"旋转点"设为（62.5，0，0）。

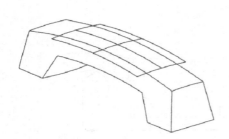

图 10-12 创建替换特征

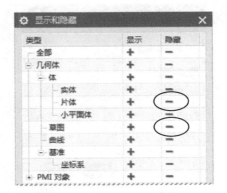

图 10-13 单击"草图"和"片体"对应的"−"符号

（19）单击"确定"按钮，创建旋转特征，如图 10-15 所示。

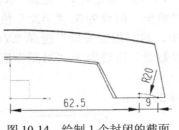

图 10-14 绘制 1 个封闭的截面

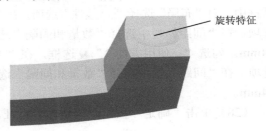

图 10-15 创建旋转特征

（20）采用相同的方法，在另一端创建旋转特征。

（21）单击"边倒圆"按钮，创建边倒圆特征（*R*2mm），如图 10-16 所示。

图 10-16 创建边倒圆特征

（22）单击"菜单｜插入｜偏置/缩放｜抽壳"命令，在弹出的【抽壳】对话框中，对"类型"选择"对所有面抽壳"选项，把"厚度"值设为 1.5mm，如图 10-17 所示。

（23）单击"确定"按钮，创建抽壳特征。

（24）单击"拉伸"按钮，在弹出的【拉伸】对话框中单击"绘制截面"按钮，以 *XC-YC* 平面为草绘平面、*X* 轴为水平参考线，绘制 1 个截面，如图 10-18 所示。

（25）单击"完成"按钮，在弹出的【拉伸】对话框中，对"指定矢量"选择"ZC↑"选项。在"开始"栏中选择"值"选项，把"距离"值设为 0mm；在"结束"栏中选择"值"选项，把"距离"值设为 5mm；对"布尔"选择"减去"选项。

（26）单击"确定"按钮，创建拉伸特征，如图 10-19 所示。

图 10-17　设置【抽壳】对话框参数

图 10-18　绘制截面

（27）单击"菜单｜插入｜关联复制｜阵列特征"命令，在弹出的【阵列特征】对话框中，对"布局"选择"▦线性"选项。在"方向 1"中，对"指定矢量"选择"XC↑"选项；在"间距"栏中选择"数量和间隔"选项，把"数量"值设为 3、"节距"值设为–4mm。勾选"✓使用方向 2"复选框，在"方向 2"中，对"指定矢量"选择"YC↑"选项。在"间距"栏中选择"数量和间隔"选项，把"数量"值设为 3、"节距"值设为–4mm。

（28）单击"确定"按钮，创建阵列特征，如图 10-20 所示。

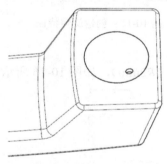

图 10-19　创建拉伸特征

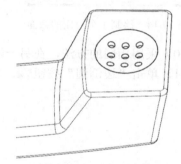

图 10-20　创建阵列特征

（29）采用相同的方法，在另一端创建小孔。

（30）单击"保存"按钮🖫，保存文档。

2. 箭头

（1）启动 UG 12.0，单击"新建"按钮🗋，在弹出的【新建】对话框中，把"单位"设为"毫米"，选择"模型"模块，把"名称"设为"箭头"，对"文件夹"路径选择"D:\"。

（2）单击"确定"按钮，进入建模环境。

（3）单击"菜单｜插入｜草图"命令，以 XC-ZC 平面为草绘平面，以原点为圆心，绘制第 1 个半圆形截面，如图 10-21 所示。

（4）单击"菜单｜插入｜基准/点｜基准平面"命令，在弹出的【基准平面】对话框中，对"类型"选择"按某一距离"选项，创建 1 个基准平面，与 *XC-ZC* 平面相距 60mm，如图 10-22 所示。

（5）单击"菜单｜插入｜草图"命令，以刚才创建的基准平面作为草绘平面，以原点为圆心，绘制第 2 个半圆形截面，如图 10-23 所示。

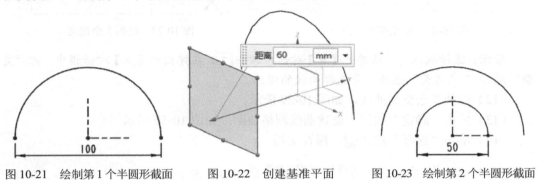

图 10-21　绘制第 1 个半圆形截面　　　图 10-22　创建基准平面　　　图 10-23　绘制第 2 个半圆形截面

（6）单击"菜单｜插入｜草图"命令，以 *XC-YC* 平面为草绘平面，绘制 3 段圆弧（要求 3 条圆弧彼此相连，*R*45 的端点在 *Y* 轴上），如图 10-24 所示。

（7）单击"菜单｜插入｜派生曲线｜镜像"命令，以 *YC-ZC* 平面作为镜像平面，镜像上一步骤创建的圆弧曲线，如图 10-25 所示。

图 10-24　绘制 3 段圆弧　　　　　　图 10-25　镜像圆弧曲线

（8）单击"菜单｜插入｜基准/点｜点"命令，在弹出的【点】对话框中，对"类型"选择"交点"，在"曲线、曲面和平面"栏中单击"选择对象"按钮，选择 *YC-ZC* 平面，在"要相交的曲线"栏中单击"选择对象"按钮，选择上述步骤创建的第 1 个半圆形截面和第 2 个半圆形截面，创建两个交点，如图 10-26 所示。

（9）单击"菜单｜插入｜草图"命令，以 *YC-ZC* 平面为草绘平面，经过图 10-26 所创建的两个点，绘制 1 个截面，如图 10-27 所示。

（10）单击"菜单｜插入｜网格曲面｜通过曲线网格"命令。

（11）先选择主曲线 1，再连续两次单击鼠标中键，选择主曲线 2 和主曲线 3，如图 10-28 所示。

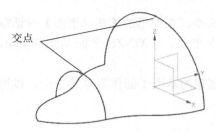

图 10-26　创建两个交点

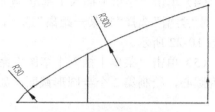

图 10-27　绘制 1 个截面

提示：选择端点时，请单击【点】对话框按钮［十］，在弹出的【点】对话框中，对"类型"选择"［／］端点"选项，再选择曲线的端点。

（12）选择 3 条交叉曲线，如图 10-29 所示。

（13）单击"确定"按钮，创建曲线网格曲面，如图 10-30 所示。

（14）单击"保存"按钮［🖫］，保存文档。

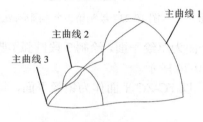

图 10-28　选择主曲线

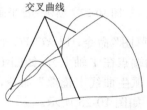

图 10-29　选择 3 条交叉曲线

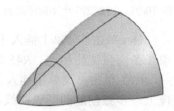

图 10-30　创建曲线网格曲面

3. 塑料外壳

产品结构图如图 10-31 所示。

图 10-31　产品结构图

（1）启动 UG 12.0，单击"新建"按钮［📄］，在弹出的【新建】对话框中，把"单位"设为"毫米"，选择"模型"模块，把"名称"设为"外壳"，对"文件夹"路径选择"D:\"。

（2）单击"确定"按钮，进入建模环境。

（3）单击"拉伸"按钮［📦］，在弹出的【拉伸】对话框中单击"绘制截面"按钮［📐］，以 *XC-YC* 平面为草绘平面、*X* 轴为水平参考线，绘制第 1 个截面，如图 10-32 所示。

（4）单击"完成"按钮 ，在弹出的【拉伸】对话框中，对"指定矢量"选择"ZC↑"选项。在"开始"栏中选择"值"选项，把"距离"值设为 0mm；在"结束"栏中选择"值"选项，把"距离"值设为 60mm；对"布尔"选择" 无"选项、"拔模"选择"从起始限制"选项，把"角度"值设为 2°。

（5）单击"确定"按钮，创建拉伸特征，如图 10-33 所示。

（6）单击"菜单 | 插入 | 草图"命令，以 *XC-ZC* 平面为草绘平面，绘制第 1 段圆弧（*R*1000mm，圆心在 *Y* 轴上），如图 10-34 所示。

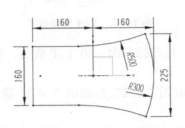

图 10-32　绘制第 1 段圆弧

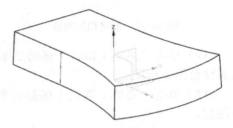

图 10-33　创建拉伸特征

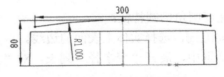

图 10-34　绘制第 1 段圆弧

（7）单击"菜单 | 插入 | 基准/点 | 点"命令，在【点】对话框中，对"类型"选择"交点"选项，创建 *YC-ZC* 平面和步骤（6）所绘圆弧的交点，如图 10-35 所示。

（8）单击"菜单 | 插入 | 草图"命令，以 *YC-ZC* 平面作为草绘平面，绘制第 2 段圆弧（*R*600mm，圆心在 *Y* 轴上），要求上一步骤创建的交点位于这条圆弧上，如图 10-36 所示，绘制第 2 个截面。

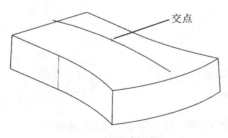

图 10-35　创建交点

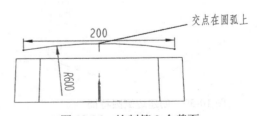

图 10-36　绘制第 2 个截面

（9）单击"菜单 | 插入 | 扫掠（W）| 扫掠（S）"命令，选择第 1 个截面作为截面曲线，第 2 个截面作为引导曲线，在【扫掠】对话框中，把"截面位置"设为"沿引导线任何位置"、"体类型"设为"片体"，创建扫掠曲面，如图 10-37 所示。

（10）单击"菜单｜插入｜同步建模｜替换面"命令，选择实体的上表面作为"要替换的面"，选择扫掠曲面作为"替换面"，创建替换特征，如图 10-38 所示。

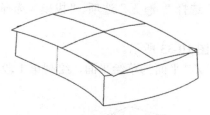

图 10-37　创建扫掠曲面

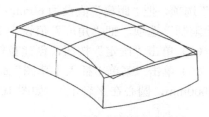

图 10-38　创建替换特征

（11）单击"菜单｜格式｜移动至图层"命令，把扫掠曲面、第 1 个截面、第 2 个截面移至第 2 个图层。

（12）单击"菜单｜格式｜图层设置"命令，取消"□2"前面的"√"，隐藏第 2 个图层。

（13）单击"边倒圆"按钮 ，创建边倒圆特征（R50mm 和 R25mm），如图 10-39 所示。

（14）按如下方式创建变圆角倒圆特征：

① 单击"边倒圆"按钮 ，选择实体上表面的边线。

② 在【边倒圆】对话框中，展开"变半径"列表，对"指定半径点"选择" 端点"图标，如图 10-40 所示。

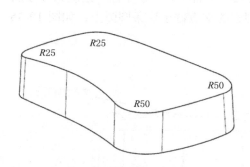

图 10-39　创建边倒圆特征

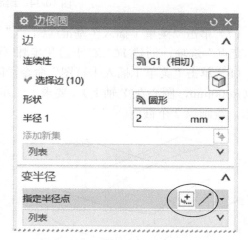

图 10-40　对"指定半径点"选择
" 端点"图标

③ 选择变圆角的 A 点，输入圆角半径值 R10mm；选择 B 点，输入 R25mm；选择 C 点，输入 R35mm；选择 D 点，输入 R20mm，如图 10-41 所示。

④ 单击"确定"按钮，创建变圆角特征，如图 10-42 所示。

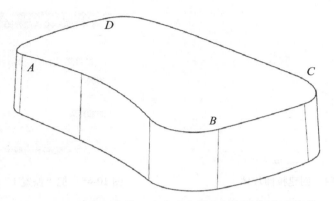

图 10-41 在变圆角的 4 个节点，输入不同的圆角半径值

（15）单击"菜单｜格式｜图层设置"命令，设置第 3 个图层为工作层。

（16）单击"拉伸"按钮 ，在弹出的【拉伸】对话框中单击"绘制截面"按钮 。以 *XC-YC* 平面为草绘平面、*X* 轴为水平参考线，绘制两段相连的圆弧（*R*150mm），如图 10-43 所示。

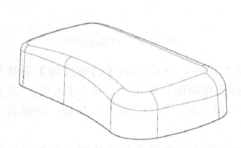

图 10-42 创建变圆角特征

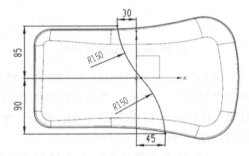

图 10-43 绘制两段相连圆弧

（17）单击"完成"按钮 ，在弹出的【拉伸】对话框中，对"指定矢量"选择"ZC↑"选项。在"开始"栏中选择"值"选项，把"距离"值设为 0mm；在"结束"栏中选择"值"选项，把"距离"值设为 80mm；对"布尔"选择"无"选项。

（18）单击"确定"按钮，创建拉伸片体，如图 10-44 所示。

（19）单击"菜单｜插入｜偏置/缩放｜偏置曲面"命令，在工作区上方的工具条中选择"相切面"选项。

（20）选择实体的表面，在【偏置曲面】对话框中，把"偏置 1"值设为 8mm，如图 10-45 所示。单击"反向"按钮 ，使箭头朝向实体里面。

（21）单击"确定"按钮，创建偏置曲面，曲面在实体内部，如图 10-46 所示。

（22）单击"菜单｜格式｜图层设置"命令，取消"□1"前面的"√"，只显示第 3 个图层的曲面，如图 10-47 所示。

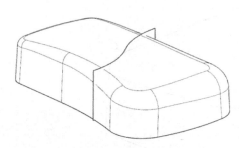

图 10-44　创建拉伸片体　　　　　　　　　图 10-45　把"偏置 1"值设为 8mm

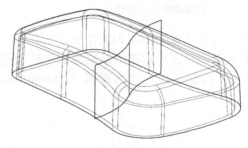

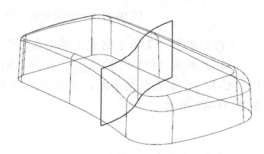

图 10-46　创建偏置曲面　　　　　　　　　图 10-47　只显示曲面

（23）单击"菜单｜插入｜修剪｜修剪片体"命令，在弹出的【修剪片体】对话框中的"目标"一栏单击"选择片体"按钮，选择偏置曲面；单击"边界"栏中的"选择对象"按钮，选择 XC-YC 平面；选择"◉保留"单选框。单击"确定"按钮，使偏置曲面的口部与 XC-YC 平面对齐。

（24）单击"菜单｜插入｜修剪｜修剪片体"命令，在弹出的【修剪片体】对话框中的"目标"一栏单击"选择片体"按钮，选择偏置曲面；单击"边界"栏中的"选择对象"按钮，选择拉伸曲面；选择"◉保留"单选框。单击"确定"按钮，修剪片体 1，如图 10-48 所示。

（25）单击"菜单｜插入｜修剪｜修剪片体"命令，在弹出的【修剪片体】对话框中的"目标"一栏单击"选择片体"按钮，选择拉伸曲面；单击"边界"栏中的"选择对象"按钮，选择偏置曲面；选择"◉保留"单选框。单击"确定"按钮，修剪片体 2，如图 10-49 所示。

提示：修剪的区域与选择的位置有关，如果修剪结果不符合要求，可在【修剪片体】对话框中选择"◉放弃"单选框。

（26）单击"菜单｜插入｜组合｜缝合"命令，缝合所有的曲面。

（27）单击"菜单｜插入｜偏置/缩放｜偏置曲面"命令，在工作区上方的工具条中选择"单个面"选项。

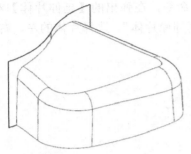

图 10-48 修剪片体 1

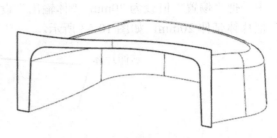

图 10-49 修剪片体 2

（28）选择上表面，在【偏置曲面】对话框中，把"偏置 1"值设为 30mm。单击"反向"按钮 ⊠，使箭头朝向曲面里面。

（29）单击"确定"按钮，创建偏置曲面，如图 10-50 所示。此时，曲面在曲面内部。

（30）单击"菜单 | 插入 | 修剪 | 延伸片体"命令，选择上一步骤所创建的偏置曲面的边线，把偏置曲面向四周延伸 40mm，如图 10-51 所示。

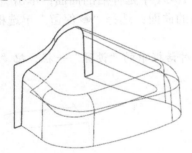

图 10-50 创建偏置曲面

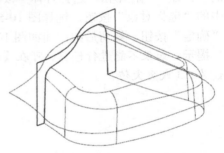

图 10-51 把偏置曲面向四周延伸 40mm

（31）单击"菜单 | 插入 | 修剪 | 修剪片体"命令，在弹出的【修剪片体】对话框中的"目标"一栏单击"选择片体"按钮，选择图 10-49 中的曲面；单击"边界"栏中的"选择对象"按钮，选择延伸后的曲面；选择"◉ 保留"单选框。单击"确定"按钮，把位于延伸曲面下面的曲面全部修剪掉，只保留延伸曲面上面的曲面。修剪后的片体如图 10-52 所示，正面如图 10-52（a）所示，背面如图 10-52（b）所示。

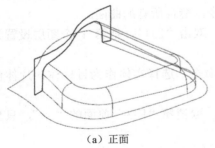

（a）正面

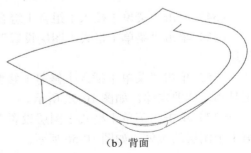

（b）背面

图 10-52 修剪后的片体

（32）单击"菜单丨插入丨修剪丨延伸片体"命令，在弹出的【延伸片体】对话框中，把"偏置"值设为20mm、"体输出"设为"延伸原片体"。选择片体的左、右边线，把片体延伸20mm，如图10-53所示。

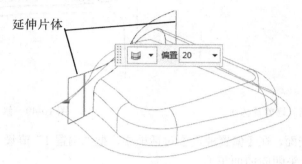

图10-53　延伸片体

（33）单击"菜单丨插入丨修剪丨修剪片体"命令，在弹出的【修剪片体】对话框中的"目标"一栏单击"选择片体"按钮，选择图10-51中延伸后的曲面；单击"边界"栏中的"选择对象"按钮，选择图10-53中延伸后的曲面；选择"◉保留"单选框。单击"确定"按钮，修剪后的曲面如图10-54所示。

提示： 如果不能进行修剪，可在【修剪片体】对话框中的"设置"一栏，把"公差"值设为0.3或更大值。

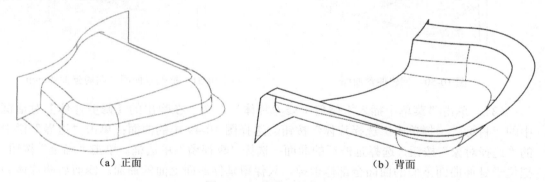

（a）正面　　　　　　　　　　　　　　　　　（b）背面

图10-54　修剪后的曲面

（34）单击"菜单丨插入丨组合丨缝合"命令，缝合所有的曲面。

（35）单击"菜单丨格式丨图层设置"命令，双击"□1"，把第1个图层设置为工作层。

（36）单击"菜单丨插入丨修剪丨修剪体"命令，选择实体作为目标体，片体作为工具体，修剪实体，如图10-55所示。

（37）单击"菜单丨格式丨图层设置"命令，取消第"□3"前面的"√"，只显示第1个图层的实体，如图10-56所示。

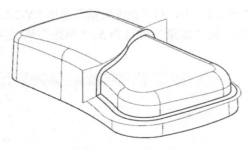

图10-55　修剪实体

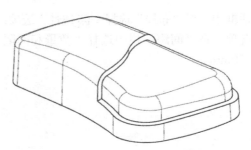

图10-56　只显示第1个图层的实体

（38）单击"菜单｜插入｜草图"命令，以 *XC-YC* 平面为草绘平面，绘制第1个截面，如图10-57所示。

（39）单击"菜单｜插入｜草图"命令，以 *XC-ZC* 平面为草绘平面，绘制第2个截面，如图10-58所示。

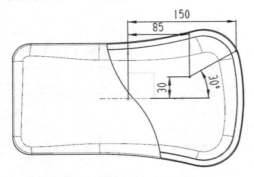

图10-57　绘制第1个截面

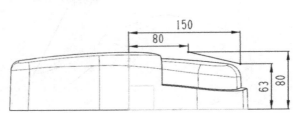

图10-58　绘制第2个截面

（40）单击"菜单｜插入｜派生曲线｜组合投影"命令，在【投影曲线】对话框中，对"投影方向"选择"垂直于曲线平面"选项，绘制第1个截面与第2个截面的组合投影曲线，如图10-59所示。

（41）单击"菜单｜插入｜扫掠｜截面"命令，在【截面曲面】对话框中，对"类型"选择"圆形"选项、"模式"选择"中心半径"选项、"规律类型"选择"恒定"选项，把"值"设为8mm，在"脊线"栏中选择"◉按曲线"选项，如图10-60所示。

（42）在【截面曲面】对话框中单击"选择起始引导线"按钮，选择组合投影曲线。单击"确定"按钮，创建扫掠截面特征，如图10-61所示。

（43）单击"菜单｜插入｜组合｜减去"命令，选择实体作为目标体、截面曲面特征作为工具体，创建减去特征，如图10-62所示。

（44）选择"格式｜图层设置｜移动至图层"命令，把第1个截面、第2截面和组合投影曲线移至第3个图层，因为第3个图层处于关闭状态，所以移到第3个图层后，自动从屏幕消失。

（45）单击"菜单｜插入｜关联复制｜阵列特征"命令，在弹出的【阵列特征】对话框中，对"布局"选择"▦线性"选项；在"方向1"中，对"指定矢量"选择"YC↑"选项。在"间距"栏中选择"数量和间隔"选项，把"数量"值设为5、"节距"值设为－30mm。

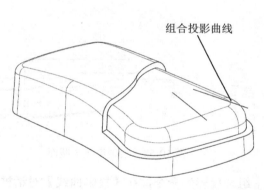

组合投影曲线

图 10-59　绘制组合投影曲线

图 10-60　设置【截面曲面】对话框参数

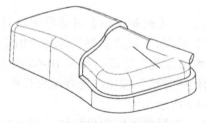

图 10-61　创建扫掠截面特征

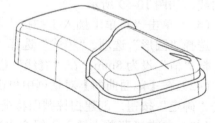

图 10-62　创建减去特征

（46）在"部件导航器"中选择☑✦ **截面曲面 (27)** 选项和☑🗋 **减去 (28)** 选项，单击"确定"按钮，创建阵列特征，如图 10-63 所示。

（47）单击"边倒圆"按钮▦，创建边倒圆特征。

（48）单击"菜单｜插入｜偏置/缩放｜抽壳"命令，在弹出的【抽壳】对话框中，对"类型"选择"移除面选项，然后抽壳"选项，把"厚度"值设为3mm。

（49）选择底面为可移除面，单击"确定"按钮，创建抽壳特征，如图10-64所示。

（50）单击"保存"按钮 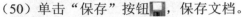，保存文档。

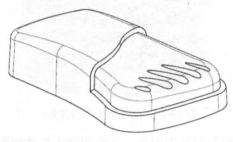

图10-63　创建阵列特征

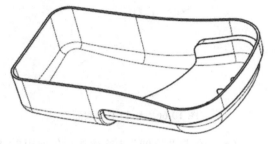

图10-64　创建抽壳特征

4. 塑料盖

产品结构图如图10-65所示。

图10-65　产品结构图

（1）启动UG 12.0，单击"新建"按钮 ，在弹出的【新建】对话框中，把"单位"设为"毫米"，选择"模型"模块，把"名称"设为"塑料盖"，对"文件夹"路径选择"D:\"。

（2）单击"确定"按钮，进入建模环境。

（3）单击"拉伸"按钮 ，在弹出的【拉伸】对话框中单击"绘制截面"按钮 ，以 XC-YC 平面为草绘平面、X 轴为水平参考线，绘制1个截面，如图10-66所示。

（4）单击"完成"按钮 ，在弹出的【拉伸】对话框中，对"指定矢量"选择"ZC↑"选项。在"开始"栏中选择"值"选项，把"距离"值设为0mm；在"结束"栏中选择"值"选项，把"距离"值设为30mm；对"布尔"选择" 无"选项，在"拔模"栏中选择"从起始限制"选项，把"角度"值设为2°，对"体类型"选择"片体"选项。

（5）单击"确定"按钮，创建第1个拉伸片体，如图10-67所示。

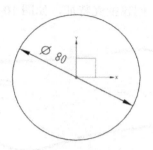

图 10-66 绘制 1 个截面

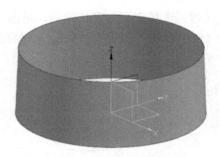

图 10-67 创建第 1 个拉伸片体

（6）单击"拉伸"按钮▦，在弹出的【拉伸】对话框中单击"绘制截面"按钮▥，以 *YC-ZC* 平面为草绘平面、*Y* 轴为水平参考线，绘制 1 段圆弧（*R*300mm），如图 10-68 所示。

（7）单击"完成"按钮▨，在弹出的【拉伸】对话框中，对"指定矢量"选择"XC↑"选项；在"结束"栏中选择"对称值"选项，把"距离"值设为 65mm；对"布尔"选择"▨无"选项、"拔模"选择"无"选项、"体类型"选择"片体"选项。

（8）单击"确定"按钮，创建第 2 个拉伸片体，如图 10-69 所示。

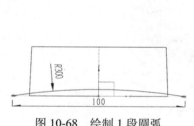

图 10-68 绘制 1 段圆弧

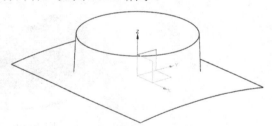

图 10-69 创建第 2 个拉伸片体

（9）单击"菜单｜插入｜修剪｜修剪片体"命令，以第 1 个拉伸片体为目标体、第 2 个拉伸片体为工具体，创建第 1 个修剪片体，如图 10-70 所示。

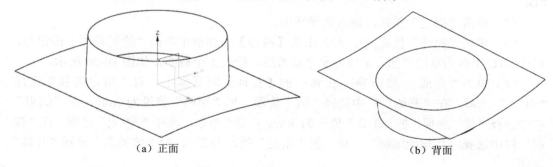

（a）正面　　　　　　　　　　　　　　　　　　（b）背面

图 10-70 创建第 1 个修剪片体

（10）单击"菜单｜插入｜修剪｜修剪片体"命令，以第 2 个拉伸片体为目标体、第 1 个拉伸片体为工具体，创建第 2 个修剪片体，如图 10-71 所示。

图 10-71 创建第 2 个修剪片体

（11）单击"菜单｜插入｜曲面｜有界平面"命令，选择圆柱上表面的边线，创建有界平面，如图 10-72 所示。

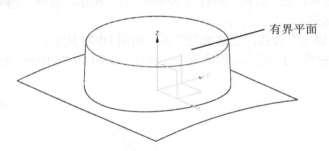

图 10-72 创建有界平面

（12）单击"菜单｜插入｜组合｜缝合"命令，缝合所有的曲面。

（13）单击"边倒圆"按钮，创建边倒圆特征（*R*8mm），如图 10-73 所示。

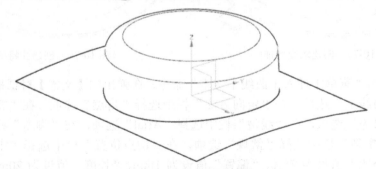

图 10-73 创建边倒圆特征

（14）单击"菜单｜插入｜偏置/缩放｜加厚"命令，把"厚度"值设为 2mm，创建加厚特征。

（15）单击"拉伸"按钮，在弹出的【拉伸】对话框中单击"绘制截面"按钮。以 *XC-YC* 平面为草绘平面、*X* 轴为水平参考线，绘制 1 个截面，如图 10-74 所示。

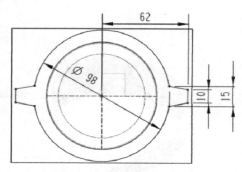

图 10-74　绘制的 1 个截面

（16）单击"完成"按钮，在弹出的【拉伸】对话框中，对"指定矢量"选择"ZC↑"选项。在"开始"栏中选择"值"选项，把"距离"值设为-10mm；在"结束"栏中选择"值"选项，把"距离"值设为35mm；对"布尔"选择"求交"选项、"拔模"选择"无"选项。

（17）单击"确定"按钮，创建求交特征，如图 10-75 所示。

（18）单击"拉伸"按钮，创建两个孔特征，如图 10-76 所示。孔的直径为 5mm，中心距为 110mm。

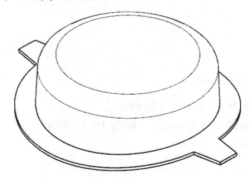

图 10-75　创建求交特征

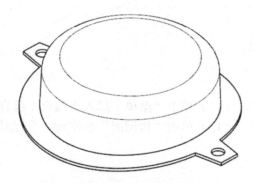

图 10-76　创建孔特征

（19）单击"菜单|插入|曲线|文本"命令，在弹出的【文本】对话框中，对"类型"选择"曲线上"选项。在"定向方法"栏中选择"自然"选项，在"文本属性"栏中输入"塑料盖"选项，在"线型"栏中选择"Arial"选项，在"脚本"栏中选择"西方的"，在"字型"栏中选择"常规"选项，在"锚点位置"栏中选择"中心"选项，把"参数百分比"值设为 75%、"偏置"值设为 1mm、"长度"值设为 20mm、"高度"值设为 4mm，如图 10-77 所示。

（20）选择倒圆角的边线，单击"确定"按钮，输入文本，如图 10-78 所示。

（21）单击"保存"按钮，保存文档。

图 10-77　设置【文本】对话框参数

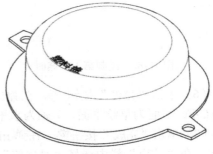

图 10-78　输入文本

5. 凹模

产品结构图如图 10-79 所示。

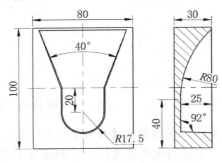

图 10-79　产品结构图

（1）启动 UG 12.0，单击"新建"按钮，在弹出的【新建】对话框中，把"单位"设为"毫米"，选择"模型"模块，把"名称"设为"凹模"，对"文件夹"路径选择"D:\"。

（2）单击"确定"按钮，进入建模环境。

（3）单击"拉伸"按钮 ，在弹出的【拉伸】对话框中单击"绘制截面"按钮 。以 *XC-YC* 平面为草绘平面、*X* 轴为水平参考线，绘制第 1 个截面，如图 10-80 所示。

（4）单击"完成"按钮 ，在弹出的【拉伸】对话框中，对"指定矢量"选择"ZC↑"选项。在"开始"栏中选择"值"选项，把"距离"值设为 0mm；在"结束"栏中选择"值"选项，把"距离"值设为 30mm；对"布尔"选择" 无"选项、"拔模"选择"无"选项。

（5）单击"确定"按钮，创建第 1 个拉伸片体，如图 10-81 所示。

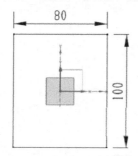

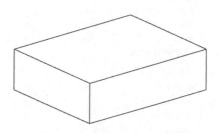

图 10-80　绘制第 1 个截面　　　　　图 10-81　创建第 1 个拉伸片体

（6）单击"拉伸"按钮 ，在弹出的【拉伸】对话框中单击"绘制截面"按钮 。以 *YC-ZC* 平面为草绘平面、*Y* 轴为水平参考线，绘制第 2 个截面，如图 10-82 所示。

（7）单击"完成"按钮 ，在弹出的【拉伸】对话框中，对"指定矢量"选择"XC↑"选项。在"结束"栏中选择"对称值"选项，把"距离"值设为 40mm；对"布尔"选择" 无"选项、"拔模"选择"无"选项。

（8）单击"确定"按钮，创建第 2 个拉伸片体，如图 10-83 所示。

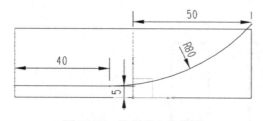

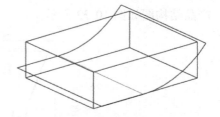

图 10-82　绘制第 2 个截面　　　　　图 10-83　创建第 2 个拉伸片体

（9）单击"拉伸"按钮 ，在弹出的【拉伸】对话框中单击"绘制截面"按钮 。以 *XC-YC* 平面为草绘平面、*X* 轴为水平参考线，绘制第 3 个截面，如图 10-84 所示。

（10）单击"完成"按钮 ，在弹出的【拉伸】对话框中，对"指定矢量"选择"ZC↑"选项。在"开始"栏中选择"值"选项，把"距离"值设为 0mm；在"结束"栏中选择"值"选项，把"距离"值设为 35mm；对"布尔"选择" 无"选项、"拔模"选择"无"选项。

（11）单击"确定"按钮，创建第 3 个拉伸片体，如图 10-85 所示。

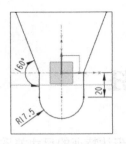

图 10-84　绘制第 3 个截面

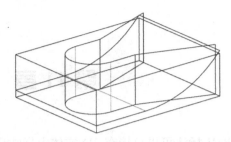

图 10-85　创建第 3 个拉伸片体

（12）单击"菜单｜插入｜修剪｜修剪片体"命令，以第 1 个拉伸片体为目标体、第 2 个拉伸片体作为工具体，创建第 1 个修剪片体。

（13）单击"菜单｜插入｜修剪｜修剪片体"命令，以第 2 个拉伸片体为目标体、第 1 个拉伸片体为工具体，创建第 2 个修剪片体。隐藏实体后的片体如图 10-86 所示。

（14）单击"菜单｜插入｜组合｜缝合"命令，缝合所有的曲面。

（15）单击"菜单｜插入｜修剪｜修剪体"命令，选择实体作为目标体、片体作为工具体，修剪实体，如图 10-87 所示。

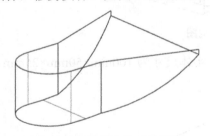

图 10-86　隐藏实体后的片体

图 10-87　修剪实体

（16）单击"拔模"按钮，在弹出的【拔模】对话框中，对"类型"选择"从平面或曲面"选项、"脱模方向"选择"+ZC↑"选项、"固定面"选择工件上表面、"要拔模的面"选择凹模的侧面，把"角度"值设为 2°。

（17）单击"确定"按钮，创建拔模特征，如图 10-88 所示。

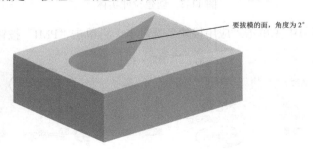

要拔模的面，角度为 2°

图 10-88　创建拔模特征

（18）单击"保存"按钮，保存文档。

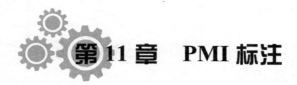

第 11 章　PMI 标注

PMI 标注可以直接在 3D 实体上标注尺寸，更直观地表达特征的尺寸关系。本章以 1 个简单的实例，详细介绍在 UG 实体上进行 PMI 标注的基本方法。产品结构图如图 11-1 所示。

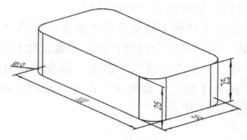

图 11-1　产品结构图

（1）先创建 1 个拉伸实体，如图 11-2 所示。实体尺寸为 100mm×50mm×25mm，创建倒圆角（R10mm）。

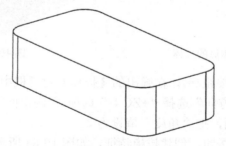

图 11-2　创建拉伸实体

（2）在横向菜单中先单击"应用模块"选项卡，再单击"PMI"按钮，如图 11-3 所示。

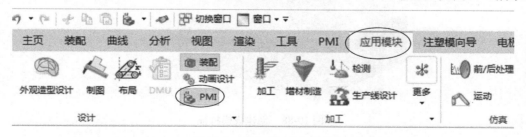

图 11-3　单击"PMI"按钮

（3）再在横向菜单中单击 PMI 选项卡，显示 PMI 菜单按钮，如图 11-4 所示。

图 11-4　PMI 菜单按钮

（4）单击"快进"按钮，在【快速尺寸】对话框中，在"平面"栏中选择"用户定义"选项、"指定坐标系"选择"X 轴、Y 轴、原点"图标，如图 11-5 所示。

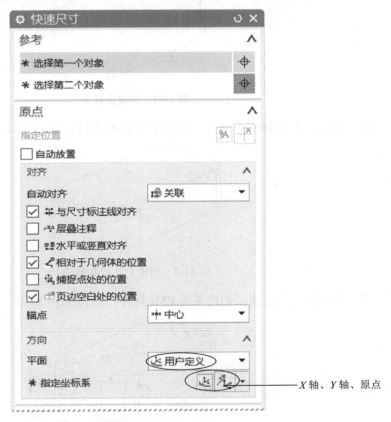

图 11-5　选择"用户定义"

（5）在实体上选择 1 个顶点作为坐标原点、1 条边线作为 X 轴、1 条边线作为 Y 轴，如图 11-6 所示。创建 1 个坐标系，如图 11-7 所示。

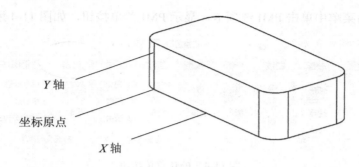

图 11-6　选择坐标原点和坐标轴

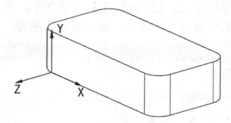

图 11-7　创建坐标系

（6）在实体上选择两个顶点，创建 1 个 PMI 标注，如图 11-8 所示。

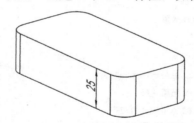

图 11-8　创建 1 个 PMI 标注

（7）采用相同的方法，创建其余 PMI 标注，如图 11-9 所示。

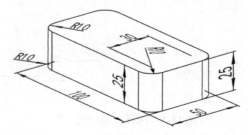

图 11-9　创建其余 PMI 标注